U0027447

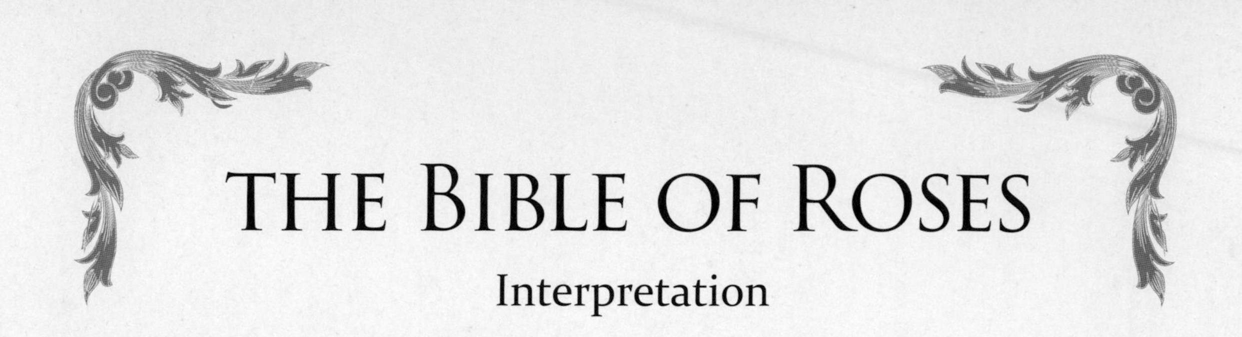

THE BIBLE OF ROSES

Interpretation

玫 ✦ 瑰 ✦ 聖 ✦ 經

圖譜解讀

王國良 著

[法] 皮埃爾 - 約瑟夫 · 雷杜德 繪

Pierre-Joseph Redouté

皮埃爾—約瑟夫．雷杜德

P.J.REDOUTÉ

Pierre-Joseph Redouté

PREFACE

前言

THE BIBLE OF ROSES

Interpretation

皮埃爾-約瑟夫・雷杜德(Pierre-Joseph Redouté，1759—1840年) 創作的《玫瑰聖經》(*Les Roses*)，其實是一部薔薇、玫瑰和月季圖譜，幾乎匯集了他那個時代世界薔薇屬植物的精華。根據華人大多數玫瑰月季愛好者的稱謂偏好，省去枝節，本書中均以「玫瑰」稱之。

《玫瑰聖經》共分上、中、下三冊，初版始出於1817年，至1824年全部出齊。全書共收錄玫瑰169種，版圖169幅。我在美國漢庭頓植物園古籍中心曾見其初版。據古籍中心圖書管理員介紹，全世界尚存成套者，只有三套，此為其中之一，保存完好，彌足珍貴。

在該書出版至今的200年間，書中所收錄的玫瑰，歷經戰爭與和平之演變，飢荒與瘟疫之災變，黑暗與文明之嬗變，或已消失，或歷久彌新。

據粗略統計，《玫瑰聖經》自初版以來，已被譯成多種文字，版本多達200餘種。歸根結底，是因為《玫瑰聖經》既是古代手繪玫瑰畫譜，又是珍稀古老玫瑰圖譜，更是西方玫瑰演化簡譜。對華文出版來說，它首次以系統化、圖像化、檔案化的形式，形象、直觀、生動地印證了我早先在國際學術界提出的「中國月季，世界的月季」這一關於世界月季起源與演化的研究結論。

1———— 大師筆下的玫瑰手繪與玫瑰藝術巔峰

自歐洲文藝復興以來，西方植物繪畫如雨後春筍，蓬勃發展，尤其在上層社會極為盛行，因此這一時期的植物繪畫大師層出不窮。

在照相技術還未誕生的年代，若想精准描繪結構複雜且色彩豐富的植物，沒有一定的植物學知識，顯然難以完成。所以，歐洲早期名聲顯赫的繪畫巨匠，幾乎也是同時具備豐富植物學知識的植物學家。例如被譽為「靜物畫之祖」的米開朗基羅・梅里西・達・卡拉瓦喬(Michelangelo Merisida

德國植物學家艾雷特所繪條紋薔薇。

Caravaggio)，又如《萬曆青花瓶裡的花卉靜物》的作者，丹麥畫家大安布羅修斯·博斯哈特(Ambrosius Bosschaert，the Elder)，再如早於雷杜德幾十年成名、玫瑰繪畫《條紋薔薇》的作者，德國植物學家兼昆蟲學家喬治·迪厄尼修斯·艾雷特(Georg Dionysius Ehret)。

荷蘭靜物花卉大師揚·梵海以森靜物油畫裡百葉薔薇的形態特徵與細節渲染。

坦率說，在描繪玫瑰，尤其是在對玫瑰細部形態特徵再現的精準性，以及枝葉空間結構分佈的靈動性、真實性和藝術性方面，若將雷杜德與17世紀荷蘭靜物繪畫大師揚·梵·海以森（Jan van Huysum）相比，會發現揚更勝一籌。他筆下的百葉薔薇，其葉片上脈紋的凹凸、起伏與分佈，花枝上皮刺和腺毛的形態，花萼兩側的分裂特徵，花瓣部分內瓣和外瓣的褶皺，以及內瓣外瓣色調的過渡和渲染，幾乎達到了以假亂真的程度。而所有這些，僅僅是他整幅靜物畫中一個小小的局部而已。

丹麥畫家大安布羅修斯·博斯查爾特《萬曆青花瓶裡的花卉靜物》中的各種單瓣和重瓣薔薇，寫真般地再現了它們四百年前的綻放瞬間。

但是在玫瑰繪畫歷史上，雷杜德的繪畫自有無可替代的地位。就其個人而言，他早年師承植物學家查爾斯——路易斯·埃希蒂爾·德布魯戴爾(Charles Louis L'Héritier de Brutelle)和勒內·盧易什·德方丹(René Louiche Desfontaines)，這使得他具備了創作植物畫所必需的形態分類學專業基礎；後又做過法國瑪麗·安托瓦內特皇后的宮廷專職畫師，還當

過新任法國皇后瑪麗·艾米莉的專職畫師，繪畫技法日臻成熟；尤其是他受約瑟芬皇后之邀，得以在梅爾梅森城堡的玫瑰園中進行長期且深入細緻的觀察與寫生，因而他所繪玫瑰，既有歐洲文藝復興早期靜物畫之構圖，又有玫瑰細微形態特徵之渲染，更有玫瑰絢麗色彩之還原，可謂人、畫、玫瑰三者合一。可以說，沒有哪位畫家，比他更了解玫瑰；也沒有哪位畫家，比他更會畫玫瑰；更沒有哪位畫家，比他畫出過更多的玫瑰。也正因如此，他所繪的《玫瑰聖經》在世界美術史上，留下了「最優雅的學術、最美麗的研究」之雅號。

2———— 《玫瑰聖經》版圖的像與不像之痛

約瑟芬皇后梅爾梅森城堡裡的玫瑰園，對歐洲甚至對整個西方來說，既是曾經的玫瑰聖地，也是實現中國月季本土化的星火之源。雷杜德所繪的玫瑰品種大多來自這座玫瑰園。這些古老的玫瑰來自世界各地，既有野生薔薇原種，也有古老薔薇栽培品種，更有來自中國的野生玫瑰和古老月季。它們是約瑟芬皇后對玫瑰癡情的見證，更是全人類共同的種質與文化遺產。

只可惜雷杜德創作時期的歐洲，尚處在竭力將遠道而來的中國月季本土化的初始階段，許多本土育種家，還在探索如何把中國月季所特有的四季開花等基因轉移到本土的古老薔薇身上，以培育出既適合本地生長，又能使枝葉更加繁茂花朵更大，還能四季開花的中式歐洲月季。這也是除了少數幾種來自中國宋代的古老月季和它們的變種(如波特蘭月季、諾伊賽特月季等)外，在《玫瑰聖經》中很難找到歐洲真正意義上能夠四季開花的月季的原因。

但是，《玫瑰聖經》中所收錄的玫瑰，種類之多、範圍之廣、文獻之眾，已屬當時薔薇屬植物培育與鑑賞的最高水準。並且《玫瑰聖經》裡的玫瑰，均有名有姓，雖只配有簡單的文字，甚至還有些許差錯，但寫真般的手繪可作為對照，這為後來的研究者提供了難得的圖像史料。全書169種玫瑰，就有169幅寫生繪畫，這是迄今收錄玫瑰種類最多、系統最全、印製最佳的玫瑰專類圖譜，所以完全稱得上是《玫瑰的聖經》。

這些玫瑰繪畫，不僅僅是簡單的寫生，而且凝聚了植物畫家雷杜德一生的追求。也正因如此，他才被後世尊稱為「花卉界的拉斐爾」。《玫瑰聖經》不僅僅是雷杜德對玫瑰的愛與激情所致，更是其長久鍾情於玫瑰花間枝頭的匠心獨運，幾乎達到了花人合一的精神境界。這樣的巨匠之心，正是我們這些玫瑰工作者所需要的，也是玫瑰愛好者所敬重的。

然而，令人頗為痛惜的是，目前所見《玫瑰聖經》中的畫作，並非雷杜德手繪原畫，而是經過多道工序修飾和多種色彩疊加的銅刻版畫，再加上數色套印的不確定性，即便是保存最完好的初始版本，其圖片亦非原畫。

至今記憶猶新的是，我那時遠涉重洋，在美籍華人、鋼鐵專家、「月季夫人」蔣恩鈿之子陳棣先生及其夫人的擔保下，有機會進入漢庭頓植物園古籍研究中心，將《玫瑰聖經》(上、中、下三冊)捧在手裡。當我將其放在寬大的閱讀桌上仔細查看的時候，欣喜之餘，也惆悵莫名。這麼珍貴的古書，在我的夢裡夢外縈繞數十年，當三冊在手時，卻猶如霧裡看花，大多數玫瑰種類似是而非，版畫與鮮活的玫瑰之間，少了那樣一點真實與靈氣，讓人有一種隔靴搔癢般的無奈。

但這並非雷杜德的錯。哪怕他把千姿百態的玫瑰畫得再怎麼出神入化，但一經雕版化之後，就失去了玫瑰應有的精神氣。由此帶來的問題是，除了一部分形態特徵特別明顯的種類，如單葉黃薔薇、金櫻子、木香等，可以被輕而易舉地識別出來，大多數品種，如中國古代名種赤龍含珠、休氏粉暈香水月季等，非研究精深者，則很難加以辨識，欣賞效果更是大打折扣。

如何能夠跨越時空來欣賞這些玫瑰，且可以獲得準確的植物分類學知識?辦法或許是有的。這個辦法，就是設法找到書中每一幅版畫所對應的玫瑰，用其高清照片，在版畫和鮮活玫瑰之間，搭一座跨越200年的橋，讓你一步穿越到約瑟芬皇后所建的玫瑰園，摘到只屬於你的那朵玫瑰。

這就是我花費十餘年，收集，甄別，拍攝，疏注，最終凝聚成這本《玫瑰聖經》圖文疏注與鑑賞之初衷。

3————《玫瑰聖經》的玫瑰種質與解析

對《玫瑰聖經》中的169種玫瑰，按野生薔薇(Species，單瓣)、栽培薔薇(Variety，重瓣)、玫瑰(*Rosa rugose*)、 月季(Monthly Rose)這四類進行分類統計，我們便可以從中發現許多鮮為人知的秘密。即其中40%為野生薔薇，分別來自歐洲、美洲、中東、中國等地；51%為野生薔薇的栽培品種，其表現形式為重瓣類型，如法國藥師薔薇(*Rosa gallica var. officinalis*)、重瓣大馬士革薔薇(*Rosa damascena Plena*)、無刺重瓣白木香(*Rosa banksiae Plena*)、 粉團薔薇(*Rosa multiflora cathyensis*) 等；9%為中國月季，包括其不同栽培類型；而玫瑰只有一種，無疑來自中國。若以花色統計，則粉色種或品種最多，可達46%；紅色和白色則基本相當，分別為23%和24%；複色很少，約佔5%；而黃色最少，只佔2%稍多。

這些數據非常直觀地告訴我們，1817年前後，歐洲庭院栽培品種仍然以薔薇為主，主要有野生薔薇和歷史上栽培已久的重瓣薔薇這兩類，這些薔薇佔據了當時可以用於庭院栽培種質的90%以上。由此可知，200年前的歐洲，幾乎看不到原產東北亞的玫瑰與當地重瓣栽培薔薇雜交而成的歐洲月季。這些早期的歐洲月季，如今亦被稱為「歐洲古老月季」，尚在中國月季本土化的艱難選育之中。而儘管真正意義上的玫瑰（Rosa rugosa）——中國玫瑰本身具有耐鹽、耐寒、耐陰、抗病蟲害、花香濃烈等種質優勢，但尚未被雜交利用。

佛見笑的芽變現象：母本原本花開橘紅複色，而同一花枝上芽變出一朵純粉紅色的花。取其芽變枝上的腋芽，嫁接後就能獲得開粉花的粉紅佛見笑。(此圖拍攝於私家庭院。)

儘管中國月季品種的比例只佔169種中的9%，但已經出現了星火燎原之勢。因為，最初引入的「中國四大老種」，已經出現了單瓣、微型、小葉、小花等不同類型。這些類型的出現，並非雜交之唯一結果，而更多是因為當時的歐洲育種家，通過採集中國月季的種子播種成苗後，從中直接篩選而來。這是一種獲得新品種最為簡捷的方法，其基本原理就是，中國月季並非野外野生純種，而是經自然和人工參與雜交後長期選育的尤物。當取其種子播種時，後代會不同程度地出現性狀分離，比如在重瓣品種中出現單瓣類型，白花品種中出現粉花，灌木品種中出現藤本類型等，如此這般，均可成為新的品種。還有一種可能性就是芽變，即在同一株月季上，長出不同的株型，開出不同顏色的花朵。所有這些，均可理解為栽培品種在某種程度上表現出的返祖現象。

4———《玫瑰聖經》的使用價值與現實意義

《玫瑰聖經》為我們揭示了異常豐富和珍貴的史料。它明確告訴我們，歐洲有薔薇，既有薔薇的野生原種，如法國薔薇，田園薔薇，草地薔薇，犬薔薇等，也有經長期栽培而來的重瓣薔薇栽培品種，如歐洲歷史上著名的重瓣大馬士革薔薇，重瓣百葉薔薇，重瓣法國薔薇等。但是，這些都是葉片細小，花徑較小，一季開花的灌木或半藤本薔薇而已(秋大馬士革薔薇等可在秋天少量開花)。因此，250年前的歐洲，既無玫瑰，更無月季，有的只是薔薇。直到「中國四大老種」（月月粉、赤龍含珠、帕氏淡黃香水月季、休氏粉暈香水月季）等，於18世紀中期被西方植物獵人先後引入歐洲之後，才與當地古老薔薇雜交，逐漸形成歐洲早期能夠四季開花的古老月季，如諾伊賽特月季、波特蘭月季、波旁月季等，並最終於1867年形成所謂的「現代月季」（Modern Roses）。

上圖 法國月季「法蘭西」，所謂的現代月季之始。
下圖「春水綠波」，中國宋代月季名種。

需要特別指出的是，目前西方以1867年作為現代月季和古老月季的分界線，是在對中國月季沒有充分了解的情況下制定的。如果將以此作為分界線的品種「法蘭西」（La France）與宋代月季名種，如春水綠波、金甌泛綠、六朝金粉、虢國夫人、貴妃醉酒、粉紅寶相等進行仔細對比，就會直觀地發現，1000 年前的中國古老月季已具備葉片頎

宋代《月季新譜》中的名種「金甌泛綠」。

長光亮、花瓣寬長厚實且高心翹角、花朵四季可見、有著濃郁的甜香等特徵—即西方稱之為茶香（Tea-scented），是現代月季在分類上被稱作「雜種茶香月季」（Hybrid Tea Rose）的由來。而這些特徵均與作為現代月季所必須具備的形態與性狀特徵並無二致。因此，也可以說，西方所開創的現代月季，其實是中國月季的延續，或者說是「中國古代月季歐洲本土化」的結果。

「虢國夫人」，以楊貴妃姐姐的封號命名，與唐代張萱《虢國夫人游春圖》（宋摹本）神合。

5———《〈玫瑰聖經〉圖譜解讀》結構編排與圖文疏注

為便於一般讀者理解，同時兼顧薔薇屬植物分類習慣，本書按照野生薔薇類、栽培薔薇類、玫瑰類、月季類這四大類別，從《玫瑰聖經》的169幅版畫中精選各具代表性的品種，累計85種，約佔原書種類的一半有餘，構成此書骨架。用原書版畫和現存活植物高清圖像做比較，輔以文字疏解，力圖還原雷杜德每一幅玫瑰畫作的前世今生。

該書結構編排與內容，要點如下：

一是對其原版玫瑰名稱進行考證，剔除過時的舊稱，修正不確切的俗稱，根據其品種、形態、分類、特徵和命名習慣，最終確定恰當規範之名稱，以便國際交流使用。

二是選用最接近原版版圖的高清圖譜，整版與插圖相結合，以供讀者甄別與鑑賞。

三是精選相應版圖品種的標準高清照片，通過圖像轉換，加以形態對照，以撥開版畫與鮮活品種之間那層似是而非的朦朧迷霧。與此同時，撰寫長短不等的文字加以說明、引導和引申，以增加本書的知識性、趣味性、可讀性和實用性。

這樣，你既可以欣賞到《玫瑰聖經》初始版本的畫作之精美，又可以觸摸到當下的玫瑰植株形態與花朵之鮮活，還能與約瑟芬皇后、雷杜德大師和玫瑰名種對話。書中還有一些小貼士，給你當個小參謀，說說哪些可以栽進你的小院，讓你也能成為世界玫瑰遺產的傳承人。

薔薇是玫瑰的根，是月季的本，是薔薇屬植物的全部。它既是花中皇后，又是美的化身，更是與人類如影隨形的一劑精神良藥。

「心有猛虎，細嗅薔薇。」（In me the tiger sniffs the rose.）英國詩人西格里夫．薩松代表作《於我，過去，現在及未來》中的這句詩，余光中先生譯得出彩。他不落前人俗套，硬是沒把rose譯成文學化的「玫瑰」，這才有了薔薇之詩意經典。

其實，無論是古代文人雅士，還是現代凡夫俗子，於其生活，恐怕也不能沒有薔薇。人生如花，如茶，如歌，如修行，即便竹杖芒鞋，也要輕勝快馬，面朝大海，用心細嗅薔薇。

謹以此序，致敬《玫瑰聖經》原著作者皮埃爾－約瑟夫．雷杜德，致謝為其中文版註疏付梓傾注心血的編輯，致意每一位細嗅薔薇、傳承經典、珍藏《玫瑰聖經》的讀者。

CONTENTS

目

錄

THE BIBLE OF
ROSES
Interpretation

1~20 1—56

21~40 57—108

41~59 109—156

60~85

157—218

1 ～ 20

1

2

Rosa centifolia 'Major'

少校百葉薔薇

在玫瑰演化歷史上，曾經有相當長的一段時間，野生薔薇屬植物及其園藝栽培品種，都是按照18世紀瑞典植物學家林奈所提出的植物雙名法來命名的。隨著園藝栽培品種的數量大幅增長，現在最為常見的現代月季品種，其命名則大多改為直呼其名的方式。如眾人多熟知的現代月季名種「和平」，其名字就是「Peace」。若想表述更為學術化一點，則可以寫作「*Rosa Hybrid* 'Peace'」。

百葉薔薇是歐洲古代重瓣薔薇名種之一，它深粉色的花朵大而圓潤，有著華美迷人的氣質。因其花朵內瓣數量較多，且排列緊密，不易盛開，就像我們常見的捲心菜一樣，故亦可謂之「包菜薔薇」。

16世紀末荷蘭和比利時的植物學家，無疑是最先對百葉薔薇大加讚賞的人。作為栽培品種，它是繼法國薔薇、大馬士革薔薇之後，較早被引入歐洲花園的，此後一直備受青睞。因為它不僅有著悅目的花朵，還散發出令人愉悅的芳香。19世紀英國傑出的女園藝師格特魯德・傑基爾稱百葉薔薇的香味，是「所有玫瑰中最為香甜的，那才是真正的玫瑰的味道」。

據記載，百葉薔薇源自大馬士革薔薇。園藝家兼植物學家查理斯・德・萊克呂斯是其重要的傳播人。當時萊克呂斯正任職於哈布斯堡王朝皇帝馬克西米利安二世的維也納皇家花園。他一生癡迷於尋找各種玫瑰品種。而同時期任職於皇家花園的佛拉蒙（比利時的一個民族）植物學家卡羅盧斯・克盧修斯（Carolus Clusius）則對鬱金香有著巨大的熱情，他記錄了那個時代歐洲對來自君士坦丁堡的鬱金香與日俱增的癡迷。當17世紀荷蘭鬱金香熱席捲整個歐洲時，據說唯有百葉薔薇被認為可以與鬱金香並肩而立。

百葉薔薇種類較多，這款名為「少校百葉薔薇」的名種，實際上是一個半重瓣品種，花型呈盤狀，半高心翹角，花瓣粉色，香味濃烈。此花盛開時常呈現四個花心，俗稱「四心花」（quartered bloom form），這在歐洲古典重瓣薔薇中頗為常見，與中國宋代月季名種「粉紅寶相」相類。

少校百葉薔薇最早發現於1597年，至今尚存。雖然只能一季開花，但因其植株健壯，容易栽培，加之花型奇特，充滿懷舊氣息，因而深受歐洲園丁們的青睞。

Rosa centifolia 'Major' / 少校百葉薔薇 /

2

Rosa persica

中國新疆野生單葉薔薇，也叫小檗葉薔薇，學術界常把它和波斯薔薇作為同種異名來處理。

波斯薔薇也叫「波斯黃薔薇」，是一種可愛至極的薔薇。它的花朵非常特別，花瓣不僅呈現出極為少有的鮮豔的金黃色，而且每個花瓣的基部都呈深紅色，五個花瓣圍在一起，便構成一個令人驚嘆的天使之眼，成為現代月季「紅眼」系列新品種的標誌。

波斯薔薇的分佈範圍較廣，在西亞乾熱的草原和沙漠上，特別是在伊朗、伊拉克、阿富汗、土耳其、巴基斯坦等國，都可以見到。世界上的薔薇屬野生原種多達200餘種，小葉5~17枚不等，但均為羽狀複葉。唯有此物種，葉片單生，故亦謂之「單葉薔薇」。

因花心具有紅眼而一舉成為特異種質，19世紀波斯薔薇作為園藝珍寶，被慧眼獨具的約瑟芬皇后收入巴黎郊外的梅爾梅森城堡。約瑟芬生於當時的法國殖民地馬丁尼克，身為種植園主之女，她非常喜愛植物和園藝。據記載，她喜歡和自然歷史博物館的學者通信，送自己的園丁去學習，還曾資助植物探險家遠征。1799年買下梅爾梅森城堡作為行宮之後，她聘請了當時著名的植物學家埃梅．邦普蘭作為自己的園林總管，並在那裡收藏了規模驚人的植物，包括兩百多種稀有植物。當時的英國皇家花園—邱園的始

Rosa Berberifolia
Rosier à feuilles d'Epine-vinette
P. J. Redouté pinx.
Imprimerie de Remond
Chapuy sculp

創者約瑟夫・班克斯爵士（Sir Joseph Banks）也是她植物收藏的提供者之一。

所有觀賞植物中，約瑟芬尤其熱愛玫瑰，據記載她的玫瑰園中約有250種知名玫瑰。她不僅邀請了當時最為著名的月季育種專家安德魯・杜彭擔任玫瑰園的園藝師，還在1810年舉辦了歐洲第一屆玫瑰展覽。應該說，法國在當時成為世界薔薇、玫瑰和月季栽培中心，與約瑟芬皇后有著非常密切的關係，她也因此成為法國玫瑰愛好者的標誌性代表。

雷杜德以高超技法著成的《玫瑰聖經》，其中有一半玫瑰出自梅爾梅森城堡。這本書在1817年至1824年間以三卷形式出版，可惜年僅51歲的約瑟芬已於1814年去世，未能目睹這部舉世矚目的偉大著作誕生。並且，因為拿破崙已經被流放至大西洋中心的聖赫勒拿島，加之波旁王朝復辟，所以在《玫瑰聖經》一書中也未能提及約瑟芬的名字，對梅爾梅森城堡也只是一筆帶過。

一直備受人們喜愛的波斯薔薇，直到1980年，英國月季育種家、世界玫瑰大師獎（Great Rosarians of the World Award）獲得者傑克・哈克尼斯（Jack Harkness），才以此為親本，培育出完整繼承親本紅眼的新品種，念其起源，遂命名為「幼發拉底斯」（Euphrates）。此後，同樣具有紅眼標識的「非洲少女」「天使之眼」「眉來眼去」「時尚巴比倫」等品種，則如雨後春筍般紛紛出現，並廣泛傳播，流行至今。

在中國新疆地區也有這種薔薇分佈。人們在烏魯木齊城市周邊的田野溝渠，就能邂逅它靚麗的身影，體驗長相如此另類的薔薇所帶來的心動。不過，這種新疆單葉薔薇在《中國植物誌》中的名字，叫「小蘗葉薔薇」（Rosa berberifolia）。早年我在日本做薔薇屬植物基因分析實驗的時候，常常零距離觀察波斯薔薇和小蘗葉薔薇，並未發現這兩者之間有明顯的形態差異。一定要說有的話，那也是不同地理種源上的些許區別而已。因此，學術界常把這兩個種作為同種異名來處理。

3

Rosa hemisphaerica

重瓣硫黃菊薔薇

宋代玫瑰名種荼薇，芳香濃烈，具有標誌性的鈕扣眼。

在植物界中，很多品種的發現看似偶然，其實都是植物學家們鍥而不捨始終尋覓的結果。重瓣硫黃菊薔薇發現於1616 年前，但它的整個尋覓過程，花費了查爾斯．德．萊克呂斯整整二十年時間。

這一切始於作為一位植物學家的敏感與好奇心。據記載，當萊克呂斯在維也納皇家花園任職時，在一次展覽上，他注意到一座來自土耳其的精巧花園模型裡，有一種從未見過的黃色薔薇的複製品。這引起了他強烈的興趣。在當時奧斯曼帝國統治下的土耳其，無論是園林藝術還是品種培育都在蓬勃發展。奧斯曼大帝在通過武力始建奧斯曼帝國後，頒布了農業法令，其中一條法令要求帝國內的所有農莊和花園都必須種植一些植物，並特別明確指出必須要種植的兩種植物，一種是百合，另一種就是玫瑰。與玫瑰一樣，在歷史上，百合也曾是基督教最具標誌性的符號之一。

萊克呂斯為此多次前往土耳其，最終發現並將重瓣硫黃菊薔薇引入歐洲。當時歐洲還沒有其他大花黃色薔薇，重瓣硫黃菊薔薇一度成為令人嘆為觀止的庭院栽培新品種。

重瓣硫黃菊薔薇也被稱作「重瓣黃薔薇」（Double Yellow），分佈於土耳其、亞美尼亞和伊朗的干旱地區，為直立小灌木，葉片較小。在中國北方，特別是北京以北的地區，此品種難以露地越冬。

在歐洲，重瓣硫黃菊薔薇多為溫室栽培。它的花朵非常漂亮，香味較淡。花蕾近似球形，花色淡黃，花瓣極多，盛開以後可見漂亮的鈕扣眼。作為備受歡迎的鮮切花，它是義大利和法國花卉貿易出口業務中非常重要的一個品種。

許多月季愛好者都偏愛鈕扣眼，並以此作為歐洲月季的標誌之一。其實，帶鈕扣眼的薔薇類古老品種，早在宋代就不勝枚舉了。如宋代名種荼薇，源自野生玫瑰，濃郁的玫瑰香氣中，還帶有香水月季的甜香味。

荼薇為直立小灌木，一季開花，可以在北京地區露地越冬，孤植、叢植、片植均可，不需要農藥，免養護。花朵盛開後，花心內瓣內捲成扣，形成一個不可思議的鈕扣眼。

然而，重瓣硫黃菊薔薇並不是真正的野生原種，而是原產於土耳其、亞美尼亞和伊朗的單瓣硫黃菊薔薇（*Rosa hemisphaerica* var. *rapinil*）的一個園藝種類。在發現重瓣硫黃菊薔薇多年後，單瓣硫黃菊薔薇才被發現，因而它被描述為重瓣硫黃菊薔薇的一個變種，並沒有給予它栽培品種的地位。

Rosa e Sulfurea
Rosier jaune de souffre
P. J. Redouté pinx.
Imprimerie de Remond
Langlois sculp

4

Rosa glauca Pourret

德國歐洲月季園裡的紅葉薔薇。紅葉薔薇分佈較廣，在歐洲中部、南部均可見其踪影。（此圖拍攝於德國桑格豪森小鎮。）

根據現代植物分類學範疇，薔薇、玫瑰和月季為薔薇屬中的不同類群。薔薇泛指野生原種薔薇；玫瑰則為玫瑰（Rose rugosa），常見的有單瓣玫瑰、重瓣薔薇、紅玫瑰、白玫瑰等；而月季則為四季開花的月季類群，現有多達數萬個品種。若是非專業工作者，很容易將薔薇、玫瑰和月季混淆，因為它們有太多的相似之處。不過它們大致還是可以識別的，從形態來看，月季株型大多直立，葉面平整，四季開花；玫瑰株型雖然也為直立型，但葉面皺縮呈鋸齒狀，果實碩大如櫻桃番茄，色艷如大紅燈籠，據此，一眼便知；而薔薇植株多為藤本，花朵形成於短側枝頂端，花朵單瓣，一季開花。

園藝栽培薔薇如百葉薔薇等，與野生薔薇最重要的區別，就是野生薔薇只有單瓣花型。野生薔薇只有經過長期栽培馴化以後，其花瓣才可能逐漸由單瓣通過雄蕊的瓣化而逐漸變成重瓣花型，最終成為園藝栽培品種。從單瓣變成重瓣，這是一個園丁必須干預的、最了不起的加速野生種演化並園藝化的過程。這其中最重要的推手，就是我們看不見的營養。

Rosa Rubrifolia
Rosier à feuilles rougeâtres
P. J. Redouté pinx.
Imprimerie de Remond
Chapuy sculp

以紅葉薔薇為例，豐富的營養相當於人為突然增加了物種的選擇壓力。在庭院肥料和人工選擇的多重作用下，兩千多年來，紅葉薔薇從山野的一個原生原種，逐漸演化成許多庭院栽培的變種或新品種，最主要的變化就是其花瓣從單瓣變成了半重瓣，觀賞性大幅增強，越發受到歐洲人的青睞。

紅葉薔薇夏季開花，花徑約4公分，呈櫻桃紅色。它分佈較廣，在歐洲中部、南部均可見其踪影。據稱，紅葉薔薇在久遠的年代就已經被移植到達官貴人的庭院私享了。

紅葉薔薇的拉丁名是由*R.rubrifolia* 改為*R.glauca* 的。這兩個名字形容的都是葉片，分別為「葉片發紅」和「表面覆蓋白霜」之意。此種薔薇對應的版畫中，可看到其枝葉大多呈淺紫色或紫紅色，故謂之「紅葉薔薇」，它的展示名多為*Rosa rubrifolia*。

紅葉薔薇正是因為枝葉呈紫紅色這一特點，而被廣泛應用於庭院景觀綠化。略顯柔軟的枝葉，頎長的花蕾，相對較大的花朵以及明豔的花色，使之成為知名度頗高的觀賞小灌木。

紅葉薔薇有一定的耐寒性，也有較好的耐陰性，故可在北方地區的庭院中栽培。

5

Rosa moschata

麝香薔薇

因為長得的確有幾分相像，很容易將麝香薔薇與中國的復傘房薔薇（上圖）混淆。但復傘房薔薇野生藤本可攀高20餘公尺，麝香薔薇在這一點上是無法企及的。

「我知道一處河岸，那裡的野百里香隨風飄動／櫻草和低垂的紫羅蘭在那裡生長／它們上方籠罩著鬱鬱蔥蔥的忍冬／以及甜美的麝香薔薇和野薔薇。」這是英國著名劇作家莎士比亞四大喜劇之一《仲夏夜之夢》中的一段台詞。對伊麗莎白時代的英國人來說，麝香薔薇是一種具有異國情調的薔薇花，它有著潔白的花朵和優雅的枝條，在仲夏盛開，據稱可以一直開放到秋天。花朵獨特的氣味，在黃昏時飄散到遠方。也正因如此，關於前面台詞中的「麝香薔薇」，到底是指麝香薔薇還是田野薔薇，歐洲一些著名的薔薇屬植物專家為此展開了持久的討論，至今尚沒有定論。

之所以會引發如此持久的爭議，這是因為麝香薔薇的香味實在與「甜美」無緣，它的氣味中有一種濃烈的麝香之味，這也是其名字之由來。

有一種說法，麝香薔薇是在1582年由英國國王亨利八世的手下，從義大利引入英國的。它一直被認為是英國本土可以見到的最為高大的藤本薔薇，有單瓣和重瓣之分，雷杜德所繪《玫瑰聖經》裡的麝香薔薇即為單瓣類型。

麝香薔薇的花朵呈白色，或是以白色為主色調的複色。花朵直徑小到中等，單朵著生，形成花序。株型多為灌木，但有明顯的藤本性，可以當作半藤本薔薇栽培。偏愛乾燥氣候，故在北方應能生長良好。

麝香薔薇雖多以拉丁名*Rosa moschata*示人，但它並非真正的野生原種。它的起源至今不甚明了。有人根據它的名字「*moschata*」推測其來自波斯，因為梵文「mushka」的意思為鹿儲存雄體乾燥分泌物的香囊。關於它抵達歐洲的時間也是眾說紛紜，但有據可查的是，在1586年，它已經成為法國畫家筆下描繪的對象，那個時候，它被稱為「肉荳蔻薔薇」。

現代基因測序分析表明，麝香薔薇乃大名鼎鼎的大馬士革薔薇之親本。世界玫瑰大師獎獲得者、美國植物學家馬爾科·曼納斯（Malcolm Manners）在美國佛羅里達的實驗結果表明，麝香薔薇具有一定的重複開花能力。這恐怕就是現在普遍種植的秋大馬士革薔薇在秋季還能少量開花的原因吧。

人們很容易將麝香薔薇與中國的複傘房薔薇相混淆，因為這兩種薔薇的確有幾分相像，特別是花瓣的形狀、花色和花序等，尤其不易區分。但复傘房薔薇野生藤本高可達20餘公尺，從體量來看，麝香薔薇是無法企及的。

令人費解的是，麝香薔薇曾在1859年後一度神秘消失，直到世界玫瑰大師獎獲得者、英國著名薔薇屬植物專家格雷厄姆·斯圖亞特·托馬斯（Graham Stuart Thomas），於1963年在英國的一個古老庭院裡找到了尚且活著的標本式麝香薔薇，由此這種有著特殊歷史意義的薔薇才得以正式回歸。此後種苗商人才不再用複傘房薔薇冒名頂替麝香薔薇。因此，麝香薔薇亦被稱為「格雷厄姆麝香薔薇」。

Rosa moschata
Rosier musqué
P.J. Redouté pinx.
Imprimerie de Remond
Chapuy sculp

6

Rosa bracteata

碩苞薔薇

上圖 作為野生薔薇，碩苞薔薇被認為是最美麗的中國薔薇屬植物之一。在西方俗稱「麥卡特尼薔薇」。

下圖 珍稀微型玫瑰品種，為碩苞薔薇、繅絲花和玫瑰的雜交種。（此圖攝於紐約布魯克林月季園。）

從18世紀晚期開始風靡歐洲的中國月季、玫瑰和薔薇，引發了西方世界玫瑰培育的熱潮，而碩苞薔薇則被認為是這其中最美麗的中國薔薇屬植物之一。顧名思義，碩苞薔薇即為苞片很大的薔薇。苞片位於花蕾下方，緊貼著花梗，是一枚縮小版的葉片。1792年，英國政府派遣以麥卡特尼公爵為團長的通商使團經廣州前往北京。途中，隨行的一位植物學家無意間發現了碩苞薔薇，並悄悄地將其帶回歐洲。因此，碩苞薔薇在西方的俗名即為「麥卡特尼薔薇」（Macartney Rose）。

碩苞薔薇的花瓣潔白厚實，花徑可達8~10公分；6月中旬開花，薔薇果為黑色，極易識別。並且其枝蔓多伏地伸展，節間落地生根，是一種理想的水土保護植物，也是地被薔薇類群（Ground Cover Rose）的先驅。然而，令人不解的是，在中國園林或私家庭院裡，幾乎很難見到它的身影，即使是月季狂熱愛好者，也少有人知道它的存在。這是為什麼呢？

Rosa Bracteata
Rosier de Macartney
P.J. Redouté pinx.
Imprimerie de Remond
Chapuy sculp

我想了很久，原因大抵有三：一是碩苞薔薇與多花薔薇、金櫻子等許多耳熟能詳的薔薇相比，雖然其自然分佈範圍較廣，但因植株喜好匍匐於地面生長，很像現在的地被月季，顯示度不高，受關注度自然也就較低；二是花開於仲夏；三是植株極其茂密，一旦紮根，枝葉便密不透風，就連根除都難。

不過，我在設計園林景觀時，偏好用其匍匐、夏花、黑果、枝葉密集交織等獨特之處，將其三三兩兩點綴於水岸或路旁，那朵夏日里唯一可見的有著絲絨光澤感的大白花，和那些油油亮亮的交織於賞石、簇擁在橋頭的勃勃枝葉，是對春景最好的補筆。

英國著名薔薇屬植物專家格雷厄姆・斯圖亞特・托馬斯稱它是「擁有貴族氣派且十分華麗的薔薇」。它不僅自身優美，還常被用作親本材料，與月季、玫瑰等雜交。與西方當地的薔薇配對，其後代大多嬌豔動人，形態特徵出乎所料。

2016年秋，我前往美國尋訪薔薇屬植物時，曾在紐約曼哈頓小住。期間，美國月季協會會長帕特・珊莉（Pat Shanley）女士專門指派曼哈頓大都會月季協會的一位資深專家，陪我前往紐約郊外的布魯克林月季園專訪。

布魯克林月季園位於公園一隅，規模不大，但不失自然之趣，原木設計而成的花屋，古樸生香，頗有幾分中國傳統園林的味道。草地鋪成的小徑，便於讓人親密接觸到每一枝花朵。雖然秋意已濃，碰巧又下起了淅淅瀝瀝的雨，但面對那些來自中國和歐洲的眾多古老月季，我還是放下了手中的雨傘，披上一塊能遮得住相機的雨披，追逐一園芬芳。

等我回到曼哈頓整理圖片時，意外發現居然遇見了寶貝——珍稀微型玫瑰品種（Rosa microrugosa）。雖然有著野生種的名頭，但它實則為碩苞薔薇、繅絲花和玫瑰的雜交種。這種微型玫瑰，幾乎保留了玫瑰的葉片；如碩苞薔薇的花瓣上，則塗了些玫瑰的顏色；而花梗和萼片上，又長滿了金櫻子般的毛刺。這樣大膽的組合居然造就出如此奇妙的效果，令我對月季育種親本組合的定向篩選又多了幾分期許。

7

Rosa centifolia 'Muscosa'

義大利重瓣苔薔薇

17世紀，因百葉薔薇的一個美麗變種而誕生了新的品種類群，這個品種類群的苔蘚狀腺毛從萼片覆蓋至萼筒、花柄及枝條。它們雖然品種不同，苔蘚狀的部分形態也不盡相同，但是毫無例外地都具有鬆脂的芳香，這就是苔蘚薔薇（Moss Rose），簡稱「苔薔薇」。據稱，歐洲最為古老的位於法國南部的卡爾卡松城堡，很久之前就已經有此種薔薇的栽培記錄。

其實，苔薔薇的花萼與萼筒上的苔狀物，源於附著物腺毛或腺體等的畸變。正應了那句老話──「醜到極致即是美」，在花蕾階段，這種苔蘚狀的覆蓋物最為引人注目，臭美至極。重瓣苔薔薇始現於1696年前後，因而也被稱為「老苔薔薇」（Old Moss）或「老粉苔薔薇」（Old Pink Moss）。

義大利繪畫大師洛倫佐·洛托是一位非常有個性的畫家，他通過對深度飽和色彩的嫻熟運用和對陰影的大膽追求，使畫面常常具有震撼人心的美感。在他的代表作《維納斯與丘比特》中，畫面的下方有一枝薔薇，它就是一種重瓣苔薔薇。

重瓣苔薔薇曾在歐洲庭院裡備受青睞，有著非常重要的地位。它分枝較多，葉片較大，花香味濃郁，花瓣可達50瓣以上，是一種極具魅力的薔薇。義大利重瓣苔薔薇，顧名思義，因其最早發現於義大利而得名。

在玫瑰歷史上，如果說古希臘人在藝術中賦予了玫瑰意義，那麼古羅馬人則真正將玫瑰引入日常生活的方方面面。他們熱衷於將玫瑰種植於大街小巷，在公共浴池中灑滿玫瑰花瓣；他們喜歡吃玫瑰醬，飲玫瑰水；甚至在每年玫瑰收穫的季節，還有一個特別的節日——玫瑰日。因為在他們看來，玫瑰就是春的使者。這一天人們縱情享樂，如同一場喧囂的歡宴。古羅馬的士兵在上戰場前，也會在鎧甲和裝備上飾以玫瑰。當他們得勝歸來，將會淹沒在慶祝勝利的玫瑰花瓣之中。

古羅馬歷史上，最為狂熱的玫瑰愛好者，也是史上最殘暴的統治者之一的尼祿，則將玫瑰變為驕奢淫逸的象徵。最為臭名昭著的一件事，據說是有一次當他在帶有可翻轉天花板的宴會廳裡宴客時，命人將玫瑰花瓣從上方傾倒在賓客身上，以看著他們被嗆到半窒息的狼狽窘態為樂。

不過，英國維多利亞時代的知名畫家勞倫斯·阿爾瑪——塔德瑪，根據古羅馬另一位殘暴皇帝埃拉伽巴路斯的故事所繪製的名畫《赫利奧加巴盧斯的玫瑰花》，畫中令賓客深埋其中窒息而亡的，其實是紫羅蘭，而非玫瑰花。

Rosa muscosa multiplex　*Rosier mousseux à fleurs doubles*

P. J. Redouté pinx.　*Imprimerie de Remond*　*Langlois sculp.*

8

Rosa rugosa

中國玫瑰

吉林琿春的野生玫瑰，秋季可見少量開花。

因為近代翻譯家的無心之過，將西方文化裡的Rose，一股腦地譯為了「玫瑰」。因此，現在很多語境中，玫瑰已經不再是一個專有名詞，特別是在許多月季愛好者的認知中，它既指玫瑰，也指月季，還多指爬在籬笆上的粉團薔薇。

那麼，如何正確辨識薔薇、玫瑰和月季呢？說來也簡單，只需抓住薔薇這個根本即可。薔薇在中國自然分佈極廣，加上其與生俱來的生物多樣性和多功能性，備受中國先民的青睞。早在5000—7000年前，各地先民製作使用的彩陶罐上，就已繪有薔薇花圖案，所以薔薇也被許多考古學家稱為「華夏之花」。

大約2000多年前，先民們發現其中一種薔薇非常特別，其花最為香烈，其果最為碩大，且紅似珠璣，遂將其命名為「玫瑰」。後經長期栽培和馴育，育成了重瓣玫瑰、白玫瑰、茶薇等一系列玫瑰品種，形成了一個新的玫瑰類群，這便是玫瑰的由來。而月季最初在自然界並不存在，它是中國古代園丁傾注了難以想像的時間與心血，由四川、雲南深山里的幾種野生薔薇反複選育而成，是中國古代園丁栽培薔薇的奇蹟，也是世界園藝史上最偉大的發明，沒有之一。

Rosa Kamtschatica
Rosier du Kamtschatka
P. J. Redouté pinx.
Imprimerie de Remond
Chapuy sculp

色彩妖艷，葉面微皺，果大如櫻桃番茄，雷杜德所繪的這幅中國玫瑰，就是中國的野生玫瑰。儘管朝鮮半島、日本北海道、俄羅斯堪察加半島也有野生玫瑰分佈，但中國山東的榮成、遼寧的莊河、吉林的圖們江，才是野生玫瑰種群的中心分佈區。孢粉學和種群內部穩定性的定性與定量分析表明，山東沿海的榮成則為中國野生玫瑰分佈區的中心。

中國玫瑰花色嬌豔，花香撲鼻，五月花開不負春，秋來結實滿園紅，生命力非常頑強。它們不畏嚴寒，不怕干旱，不懼病蟲害，更不避鹽鹼，即便是在原生地的海邊灘塗，也一紮根就是一大片。只是，由於多年來沿海灘塗持續過度開發與利用，野生玫瑰已經淡出了我們的視野，逐漸衰退為中國二級保護植物。但其種子順水漂流，在途經沿岸傳播生長，現已成為美國、加拿大、德國、丹麥等國的生物入侵種。

有趣的是，東西方人在對玫瑰進行分類時，對其形態特徵的關注點大不相同。因果實特別而被中國先民命名的玫瑰，被瑞典植物學家帶入歐洲以後，桑伯格在給它命名時，關注的則是其凹凸不平的葉片表面，並且這也足以區分它與其他薔薇，故起名為*Rosa rugosa*，意為小葉表面皺縮的薔薇。東西方命名的依據雖然不同，卻有異曲同工之妙，也是因為此種玫瑰的確與眾不同。

在歷史上，玫瑰不僅是中國栽培最早的園藝植物之一，而且還可以食用，作為美容化妝品使用也較為普遍。中國玫瑰大規模生產性栽培，應該始於宋代。明清以後，中國逐漸形成五大栽培基地：山東平陰、廣東中山、甘肅苦水、北京妙峰山和江蘇銅山。其中平陰玫瑰主要以中國傳統重瓣紅玫瑰為主。

中國玫瑰類群中的佼佼者，當數濃郁芳香中帶有甜香味的重瓣玫瑰品種——茶薇。宋代詞人趙必在《賀新郎》中寫道：「但得山中茅屋在，莫遣鶴悲猿哭。隨意種、茶薇躑躅。蓴菜可羹鱸可鱠，聽漁舟、晚唱清溪曲。醉又醒，喚芳醁。」此處的芳醁，意指美酒，也就是由茶薇釀製而成的美酒。記得當我得知在廣東中山，千百年來當地人依然遵循古法，默默地釀造著一壇又一壇芳醁時，激動得熱淚盈眶。當得知我即將赴美領取世界玫瑰大師獎時，中山茶薇酒傳人特意為我釀製了茶薇烈性酒。在頒獎典禮上，我拿出茶薇酒與眾賓同飲，在場來自世界多個國家的玫瑰專家們，無不為中國古代玫瑰及其文化而陶醉。

9

Rosa clinophylla

垂葉薔薇

桑格豪森月季園裡這種高大的藤本薔薇，為垂葉薔薇與碩苞薔薇的雜交種。

1949年，美國植物學家阿爾弗雷德·雷德爾提出了薔薇屬植物的植物學分類系統，並得到了學術界的廣泛認可。根據此系統，薔薇屬植物共分為四類，即4個亞屬，最後一個薔薇亞屬又分成10個組，每一個組則由若干種、變種等組成。

單葉薔薇亞屬為第一個亞屬（Hulthemosa），只有一個物種，即波斯薔薇，也是唯一生長單葉而非複葉的物種；第二個亞屬是西部薔薇亞屬(*Hesperrhodos*)，其所包含的三個物種全部來自美國西南部；第三個則是繅絲花亞屬（*Platyrhodon*），所含兩個物種為原產於中國的繅絲花（*Rosa roxburghii*）和單瓣繅絲花（*Rosa roxburghii normalis*）。曾有人統計，中國特有的本土薔薇屬植物種為48個；亞洲其他地方薔薇屬物種為42個，其中一些在中國亦有分佈；中東、北非的薔薇屬物種分別為6個和7個；歐洲的薔薇屬植物種為32個，北美洲則有26個，其中包括10個特有物種。其實，中國所特有的薔薇種數遠超48個。根據本人長期調查所知，中國尚有不少野生薔薇有待發現，尚待命名的野生薔薇也不在少數。

垂葉薔薇屬於薔薇亞屬碩苞組，分佈於緬甸、寮國、泰國、孟加拉、印度等國，純屬亞細亞野生薔薇，與中國的碩苞薔薇同組，都擁有宜人的香味和美麗的花朵，據說在原產地常被用來在傳統宗教儀式上佩戴。

垂葉薔薇是少數在潮濕土壤中也能生長良好的薔薇屬植物。枝條柔軟細長，呈「之」字形彎曲，皮刺對生。花蕾有小苞片，花瓣為白色，質地較厚。薔薇果為圓球形，黑色。這些形態特徵較為顯著，在野外極易識別。

應邀作為第14屆國際古老月季大會（14th International Heritage Rose Conference）演講嘉賓時，我曾在德國萊比錫附近的桑格豪森月季小鎮小住。在歐洲最大的月季園桑格豪森月季溫室餐廳裡用餐時，我曾幾次見到一種盆栽的高大藤本薔薇，名牌上寫的是垂葉薔薇與碩苞薔薇的雜交種（*R. Clinophylla* × *R. bracteata*）。在異國他鄉，邂逅中國野生原種碩苞薔薇的後代，頗感親切。

垂葉薔薇在中國尚未發現。有趣的是，西方植物獵人福里斯特（Forrest）在雲南高黎貢山以西的緬甸山區，居然採到了垂葉薔薇的標本。緬甸與中國雲南瑞麗相接，離騰沖也近，故中國科學院成都生物研究所高信芬研究員推測，它在雲南南部或許也會有自然分佈。

巧合的是，中國科學院西雙版納熱帶植物園的蘇濤，在雲南南部發現了薔薇葉化石（*Rosa fortuita* T. Su et Z.K. Zhou），據稱其形態特徵與垂葉薔薇頗為相似。這是中國繼在山東發現2000萬年前的山旺薔薇葉化石以來，迄今最為完整的薔薇化石。這也間接證明了晚中新世青藏高原隆升，是造成中國西南地區地形地貌特徵多樣性、氣候多樣性，以及薔薇屬植物多樣性演化的主要誘因。

Rosa Clynophylla
Rosier à feuilles penchées
P.J. Redouté pinx.
Imprimerie de Remond
Chapuy sculp

10

Rosa chinensis 'Single'

目前尚存古老單瓣月季品種僅有數種，此為在百慕達發現的猩紅單瓣月季。

中國是世界上擁有薔薇屬植物種類最多的國家。其中以四川省薔薇種類最多，多達50餘種，約佔全國薔薇野生種的二分之一；其次為雲南省，約佔全國薔薇野生種的三分之一。四川、雲南、甘肅三省所形成的大三角區，就是世界薔薇屬植物的分佈中心。

在歷史上，薔薇花別稱頗多，其中「買笑花」尤為知名，源出漢武帝與寵妃麗娟之典故。據說一日武帝攜麗娟觀賞薔薇花時，禁不住讚歎「此花絕勝佳人笑也」。聰明伶俐的麗娟為討武帝歡心，立刻問漢武帝「笑可買乎？」，在不明就裡的漢武帝回答可以之後，麗娟遂取黃金百斤，作為買笑錢，以換取漢武帝一日開心。

縱觀中國薔薇演化歷史，魏晉時期薔薇這個大類加速分化，並創造了四季開花的直立灌木型這一全新類群，這便是月季。

「月季」一名始於唐代。自古別稱眾多，如月季花、月月紅、勝春、月貴花、月記、長春花等。它通常指月月開花的薔薇，是一個集合名詞，泛指具有這一性狀的四季開花的月季之類，對應於英文，即Monthly Rose。而在西方，「月季花」則僅指由雅坎（Jacquin）於1768年在《植物觀察》專業雜誌上定名的*Rosa chinensis*，意

Rosa Indica
Rosier des Indes
P.J. Redouté pinx.
Imprimerie de Remond
Chapuy sculp

即來自中國的月季，特指株型直立矮小、葉片細長、花瓣深紅、花梗頎長、四季開花的那樣一種月季。

究其模式標本，雖然其花瓣已經殘缺，但據其枝葉形態特徵和同時期不同論文及插圖描述而言，我個人認為*Rosa chinensis* 更接近現存於國際間的中國古老月季名種赤龍含珠。

雷杜德所繪單瓣月季花，我尚未找到與其相似度一致的古代遺存月季品種。但歐洲有關專業文獻表明，250 年前歐洲植物獵人尋覓中國古老月季和薔薇時，常常是既採其花葉和枝條做標本，又盡可能地攜帶植物盆栽通過商船托運，還採收其種子寄送回歐洲。

歐洲人正是通過播種和篩選，以早期引入的「中國四大老種」的種子直接萌發成苗，繁衍出許多新的品種。雷杜德筆下的這種單瓣月季花，應該就是從其實生苗中選出的一個品種。

目前尚存的古老單瓣月季品種僅有數種，本人命名的「人面桃花」，於百慕達發現的「猩紅單瓣月季」（Sanguinea）等，便是佐證。

11

Fairy Rose 小仙女

雷杜德筆下的「小仙女」嬌小輕盈，宛如彼得潘故事裡的小仙女。從系統分類上來說，它當屬中國微型月季類群。但蹊蹺的是，我花費二十餘年時間，幾乎踏遍了四川、雲南的古老月季發源地，也只找到重瓣微型月月紅和重瓣微型月月粉這兩大類。據此推測，單瓣小仙女極有可能是重瓣微型月季的後代，屬於子代性狀分離後出現的返祖現象。

中國微型月季歷史由來已久，這與中國獨有的盆栽技術有直接的關係。月季盆栽始於何時，已難以考證。據史料分析，至少在宋朝之前的五代時期，其盆栽技術已經非常成熟，與露地種植相比，這種栽培方式能更好地保存物種。月季盆栽，形成盆栽月季，或放於門前，或置於案頭，省心省力，還四季可賞，豈不美哉？這是中國月季得以傳播的一大發明，也是中國古老月季延續千餘年而至今不衰的根基之一。直至今日，瓦盆栽花的習俗，仍在中國許多城市和鄉村隨處可見。特別是頗懂花道的老手，寧可舍棄相貌洋氣的塑料花盆，也要尋覓笨重而土氣的瓦盆，因為它透氣透水，易於發根生花。

受中國影響甚大的日本，江戶時期的繪畫中也有不少盆栽植物。盆栽的英文單詞為Bonsai，據說其詞源來自日語。我以為，Bonsai若寫成日文的「當用漢字」，那就是「盆栽」，是典型的中國漢語詞組，意為「盆中栽培之物」。為何會出現這種情況，究其原因，可能是因為日本對外開放早於中國，所以許多原本來自中國的觀賞植物及相關漢字術語，被西方當作了日本的東西。植物學名中帶有Japonica（意為出自日本的植物）者不計其數，但其中相當一部分原產中國，或由中國植物馴化改良而成。

中國微型月季大約是在1801年到達歐洲的。關於「小仙女」源起的線索，可從比《玫瑰聖經》更早的權威植物雜誌上找到答案。當然，從兩者的主要形態學分類特徵上比較，還是有些許區別的。《柯蒂斯植物學雜誌》上的「小仙女」，似乎更有仙氣，連花枝和花梗上的腺毛都清晰可辨。可見在200年前的歐洲，植物繪畫大師高手如林。

約瑟芬皇后月季園裡的「小仙女」，論其起源，我推測其為月月粉種子播種後的實生苗，從中篩選而來。當然，月月粉在歐洲出現那樣的芽變，也並非不可能。

《柯蒂斯植物學雜誌》上的「小仙女」，模樣與雷杜德所繪極為相似。

Rosa Indica acuminata
Rosier des Indes à pétales pointus
P. J. Redouté pinx.
Imprimerie de Remond
Chapuy sculp

12

Rosa virginiana

維吉尼亞薔薇

維吉尼亞薔薇，株型優雅，花朵呈美麗的粉紅色。

曾有人認為，維吉尼亞薔薇是法國育種家吉恩．皮埃爾．維伯特（Jean-Pierre Vibert）於1826年培育出來的。可是《玫瑰聖經》在1817年就已經出版了，雷杜德怎麼會超前十年，憑空描繪出尚未出世的維吉尼亞薔薇的模樣呢？

其實，維吉尼亞薔薇為野生薔薇物種，英文名為Virginia Rose。它株型優雅，花朵呈美麗的粉紅色，原分佈於北美洲東部和中西部，是美洲原產的最美麗的薔薇，也是第一個在歐洲文獻中被提到的薔薇，在約翰．帕金森於1640年出版的《植物界》中就已出現。1724年從現今美國維吉尼亞州運抵歐洲後，它便在當地備受歡迎。

維吉尼亞薔薇是我在營造庭院時非常愛用的古老薔薇素材。如果把它定植在親水岸邊，其近乎無刺的柔軟枝條及光亮的狹長葉片，猶如簸箕柳一般；粉紅色的花朵大而低垂，隨微風起舞，那搖曳在水中的花暈，簡直能把水中的魚兒忙暈了。這還不算，一到秋天，維吉尼亞薔薇的枝葉就會全部變成紫紅色。特別是枝條，就像紅瑞木一樣，在瑟瑟秋風中格外扎眼。還有那橄欖大小的紅色薔薇果，在冬日的漫天飛雪中，就像是落在枝頭的紅蜻蜓。

我的維吉尼亞薔薇，最初來自日本國立千葉大學園藝學部的柏農場，那裡有一個規模不小的薔薇屬植物種植資源保存圃，為日本薔薇屬植物大家上田弘善教授所建。每到夏秋，花卉研究室的學生們都得輪流前往除草、深耕、施肥。如今，聽說柏農場早已變成東京大學的屬地，不勝唏嘘。

Rosa Lucida
Rosier Luisant
P. J. Redouté pinx.
Imprimerie de Remond
Bessin sculp

13

Old Blush China

月月粉帶有一定的耐寒性，故北方地區，在小氣候條件較好的公園、庭院，入冬前只要適度修剪也可露地過冬。（此圖攝於南京自家庭院。）

法國梅爾梅森城堡是我的中國古老月季全球尋訪之旅中最重要的一站。19世紀初，對歐洲甚至整個西方世界來說，梅爾梅森城堡既是世界上最大的玫瑰集散地，也是實現中國月季歐洲本土化的星火之源，對整個世界月季育種史產生了深遠的影響。據記載，在中國古老月季抵達歐洲之前，歐洲只有100多種玫瑰。而在約瑟芬皇后去世30年後，僅法國就培育了1000多個月季新品種。中國古老月季與法國薔薇、大馬士革薔薇等的反複雜交，最終形成了所謂的「現代月季」。

當我在供職於巴斯德研究所的著名學者蔣安立先生的陪同下，抵達心儀已久的位於巴黎近郊的梅爾梅森城堡時，偌大的城堡裡，除了博物館里為數不多的與玫瑰相關的壁畫、油畫和器物還保留著當年的模樣，曾經長滿各種月季、玫瑰和薔薇的玫瑰園，只剩一株來自中國的月月粉，在深秋的涼風中，兀自開著一朵即將凋零的花。

在中國，月月粉的栽培非常普遍，特別是南方，明代

Rosa Indica vulgaris
Rosier des Indes commun
P. J. Redouté pinx.
Imprimerie de Remond
Bessin sculp

大醫家李時珍謂之「處處人家多栽插之」。月月粉帶有一定的耐寒性，故北方地區，在小氣候條件較好的公園、庭院，入冬前只要適度修剪也可露地過冬。

但在世界月季育種史上，它卻是一種非常珍貴的月季品種。早期到達歐洲的中國月季不計其數，但有案可稽、且在現代月季形成過程中起到至關重要的種質平台作用的代表性月季，赫斯特博士（Dr D.D.Hurst）為只有四種，他在1900年出版的專著中正式尊稱其為「中國四大老種」（Four Stud Chinas）。經過多年對這四大老種的收集與甄別，為了統一規範並以此正名，兼顧中國人對古老月季的稱謂習俗，我統一以氏名加月季分類系統名稱的方式，將其對應為：

Pason's Pink China，帕氏粉紅月季，即我們俗稱的「月月」，對應西方之俗稱Old Blush（老紅臉）。
Slater's Crimson China，斯氏猩紅月季，即宋代名種赤龍含珠。
Park's Yellow Tea-scented China，帕氏淡黃香水月季。
Hume's Blush Tea-scented China，休氏粉暈香水月季。

在「中國四大老種」中，月月粉的綜合適應性要強於其他三種，故在歐洲月季育種史上的地位尤為突出，許多早期的西方古老月季，都有月月粉的血統。世界月季聯合會為了紀念那些現代月季的先驅品種，專門設立了「古老月季名種堂」（Old Rose Hall of Fame），月月粉赫然在上，實至名歸。

雷杜德筆下的月月粉，原畫不知如何，但其銅刻版畫似乎與活體植物不是十分相像，這也是我們今天為什麼要對《玫瑰聖經》進行甄別和疏注的重要原因之一。據記載，月月粉於1752年最早進入瑞典。1759年，人們在英國人約翰·帕森斯的花園裡發現了月月粉，故西方謂之「帕氏粉紅月季」（Parson's Pink China）。一般認為，月月粉是由當時的英國皇家植物園主管約瑟夫·班克斯爵士於1793年引入英國的。它被認為是引入英國的最偉大的觀賞植物之一。因其株型、花徑、花色適中，適應性很強，以至英國與其他歐洲國家的花園裡，隨處可見其芳容，西方人又親切地稱之為「老紅臉」（Old Blush）。

據說至1823年，月月粉已經出現在英國的每一座鄉村花園裡。1815年秋，著名愛爾蘭詩人托馬斯·穆爾在位於愛爾蘭基爾肯尼郡的別墅裡，看到了一叢月月粉，有感而發，寫出了《夏日最後的玫瑰》這首詩，開頭寫道：「這是夏日里最後的一朵玫瑰，獨自綻放在枝頭。」這也是世界上廣為傳唱、至今不衰的愛爾蘭抒情歌曲《夏日的最後一朵玫瑰》歌詞的來歷。

14

Rosa feotida

異味薔薇

異味薔薇，因花朵盛開時會散發些許異味而得名。花色尤為鮮豔，花瓣正面為純黃色，有單瓣和半重瓣之分。

異味薔薇，亦名奧地利黃銅（Austrian Copper），為異味薔薇的栽培類型。因花朵盛開時會散發些許異味，故名「異味薔薇」。雖然氣味不太好聞，但其花色卻特別鮮豔，花瓣正面為純黃色，還有單瓣和半重瓣之分，不易結果。

薔薇的花色，從淡雅到華麗，變化範圍極為廣泛。但據統計，大多數野生薔薇屬植物的花色較淺，白色至淡粉色約佔70%，只有12%左右為深粉色。在野外，有著明亮黃色花朵的薔薇屬植物分佈於亞洲中部和西南部，而最為鮮豔的紅色則只出現在中國四川西部，如華西薔薇。而整個歐洲、非洲、美洲和亞洲大部地區，薔薇的花色都比較柔和。

色彩鮮豔的異味薔薇原產自中東地區，早在1597年英國出版的《本草要義》一書中已有記載。《本草要義》記錄了16世紀西方人對已知或未知世界範圍內的植物的認知，包括發現、栽培、分類等內容，堪稱西方植物史上的一本奇書。1633年，該書經過英國植物學家托馬斯．約翰遜改訂，專業性有了較大提高。全書共計1700頁，有2700餘幅配圖。在改訂版出版之後的200年間，它一直是非常實用的西方本草讀物。近年來，關於這本書還有一則非常有趣的故事，英國一位植物學家和一位歷史學家，經過五年的研究，並向莎士比亞研究專家求證，最後確定《本草要義》中所繪製的四幅肖像，除了作者本人外，其他三幅中的一幅為33歲的莎士比亞的肖像，這引起了很多莎士比亞作品愛好者的關注。

《本草要義》的作者約翰·傑拉德，是一位兼任外科醫生的理髮師，同時也是一位植物學者，他不但自學成才，還在倫敦城內建有一座庭園，並和多名植物探險家簽訂合同，委託他們從海外收集奇花異草。因為在此之前，歐洲從來沒有如此明豔的黃色薔薇，所以約翰·傑拉德在《本草要義》一書中猜測，異味薔薇的起源可能是「將野薔薇嫁接在了金雀花的莖上」。

因其花色，異味薔薇成為19世紀重要的月季育種資源之一，現代月季的明亮黃色和火焰色調均來自異味薔薇類。1851年，它被引入澳大利亞後，遂在市面上以單瓣黃薔薇」（Single Yellow Sweet Brier）之名流行開來。異味薔薇雖然源自中東地區，但頗具耐寒性，中國北京及其以北地區亦可露地栽培。

阿富汗的黃薔薇和中國的黃薔薇、櫻草薔薇，也屬於開黃花的野生薔薇。阿富汗黃薔薇、中國櫻草薔薇與異味薔薇的相似之處，在於其小葉均有雙鋸齒和腺毛，而區別僅在於異味薔薇花有異味，且小葉下垂。

Rosa Eglanteria
Rosier Eglantier
P.J. Redouté pinx.
Imprimerie de Remond
Langlois sculp

15

Hume's Blush Tea-scented China

休氏粉暈香水月季，花朵碩大，淺粉色的花瓣呈現出絲綢般的質感，且散發著淡淡的迷人的甜香味。（此圖攝於自家庭院。）

1809年，作為中國的古老香水月季，休氏粉暈香水月季首次在歐洲開花，整個歐洲的園藝師都為它著迷，因為在此之前，他們從未見過如此優雅的品種。它花朵碩大，淺粉色的花瓣呈現出絲綢般的質感，且散發著淡淡的迷人的甜香味。

約瑟芬皇后在獲知這個消息後，立刻著手將它從英國引進到自己的玫瑰園裡。據說，當年英法海戰期間，為了保證休氏粉暈香水月季儘早從英國安全抵達約瑟芬皇后的梅爾梅森城堡，拿破崙為此與英國協議，安排了特別海上通道。這個傳說現已無從考證，但是休氏粉暈香水月季的珍貴確是事實。當然，拿破崙也的確在約瑟芬收集植物這件事上一直給予大力支持，即使是兩人離婚後，他也同樣命令他的戰艦指揮官在搜查所有被扣押的船隻時，一旦發現植物就送往梅爾梅森城堡，並且還做出特殊的安排：任何載有送給約瑟芬的玫瑰或其他植物的船隻，都可以不受干擾地通過海軍封鎖線。

細心的讀者也許會發現，雷杜德所繪的休氏粉暈香水

Rosa Indica fragrans
Rosier des Indes odorant
(vulg Bengale à odeur de the)
P.J. Redouté pinx.
Imprimerie de Remond
Langlois sculp

月季版畫下方標註的名字為*Rosa indica fragrans*，意為茶香印度月季。這分明是中國的香水月季，為何名字中卻有「印度」二字呢？

其實，源自中國的古老月季，在西方文獻中被標註為印度或孟加拉國的品種並不少見。這是因為200多年前，歐洲植物獵人進入中國獵取中國月季、玫瑰和薔薇後，大多要通過英國的東印度公司商船，運至印度的加爾各答植物園。加爾各答植物園創建於1787年，始創者為當時英國殖民政府陸軍上校羅伯特．凱迪，他同時也是一位植物愛好者。植物園創建的目的是篩選經濟價值較高的亞洲植物。所有物種在此經過植物學家的初步評估和篩選後，再轉運至英國。當時，每當商船抵達英國港口，那些船長和其成功攜帶回國的月季品種，都會受到熱烈追捧。

尤為約定俗成的是，中國月季品種的名字，以其所帶之人或發現者的名字，作為其俗名。如休氏粉暈香水月季，據記載，是由一位東印度公司的員工約翰．裡夫斯從中國廣州的花地苗圃所購，然後寄給了英國一位東方植物收集者亞伯拉罕．休謨爵士。休謨爵士是一位狂熱的園藝愛好者，他將其種在自己位於赫特德郡的莊園裡。於是，休氏粉暈香水月季便以休謨爵士（Sir Abraham Hume）的姓氏定名。

現在我們在花市見到的，或是在花店買到的，其俗稱不外乎為歐月，或統稱為玫瑰。其實，它們的植物分類學中的名稱應為「雜種茶香月季」，對應於Hybrid Tea Rose，簡稱HT Rose，統稱「現代月季」。這個「茶香」的源頭，就是來自「中國四大老種」中的休氏粉暈香水月季和帕氏淡黃香水月季。

現代月季的時間界限，西方將其人為設定為1867年。現代月季的第一個品種，被認為是法國的「法蘭西」（La France），其主要形態和性狀特徵為：花瓣長而闊，葉片寬而長，四季開花，花朵帶有茶香味。其實，像「法蘭西」這樣帶有這些形態和性狀特徵的現代月季，與中國留存至今的「春水綠波」「金甌泛綠」「六朝金粉」「黃寶相」等中國古老月季並無二致，它們早在北宋就已經盛行於大江南北，且名種無數。

至今流行於歐洲的休氏粉暈香水月季，在中國則失傳多年。我經過多年定向搜尋，至今無果。所獲相近者眾，但無法確定到底哪一種才是真正的休氏粉暈香水月季。

16

Rosa feotida Bicolor

複色異味薔薇

英國大英博物館中保存著一塊19世紀的古波斯羊毛地毯，以頗具藝術的手法描繪了《夜鶯與玫瑰》的故事。立於花朵之上的夜鶯似乎正在歌唱，一朵玫瑰如火焰般盛放，花開5瓣。花瓣的正面為紅銅色，背面則呈金黃色。這朵玫瑰就是複色異味薔薇。

複色異味薔薇是異味薔薇的一個美麗的芽變品種，乃伊朗頗具代表性的古老栽培薔薇。自古以來，伊朗都以生產玫瑰而著稱。至今，無論在伊朗的花園中，還是宗教建築上，都能見到玫瑰的身姿。其玫瑰文化歷史悠久，這一符號的背後，擁有諸多真實和隱喻的含義。在記錄伊斯蘭教先知穆罕默德言行的《聖訓》中，當先知夜行登霄時，他汗水滴落的地方長出了第一枝芬芳的玫瑰。我們熟知的《夜鶯與玫瑰》的故事也源自伊朗：在古波斯的一座花園裡，夜鶯為一朵美麗的白玫瑰所著迷，當它飛近為玫瑰歌唱時，玫瑰的尖刺刺破了它的胸膛。夜鶯的血染紅了玫瑰嬌嫩的花瓣，夜鶯雖死，卻誕生了一朵鮮紅的玫瑰。

古波斯的玫瑰文化曾風靡整個歐洲。終生從未踏足過伊朗土地的俄羅斯著名抒情詩人葉賽寧曾寫過一首組詩《波斯抒情》，其中有一首尤為著名：「番紅花的國度裡暮色蒼茫，田野上浮動著玫瑰的暗香……設拉子籠罩著一片月光，蝶群般的繁星在天頂迴翔。」這裡的「設拉子」是現今伊朗的第六大城市，自古就有「玫瑰之城」之稱，公元前6世紀曾是波斯帝國的中心。以吟誦玫瑰著稱的古波斯著名詩人薩阿迪和哈菲茲，亦長眠於此。

複色異味薔薇不僅因其美貌而備受園丁喜愛，在一些中東國家，還常被種植於果園中，因為異味薔薇雖然耐旱，但抗病性較差，特別容易感染黑斑病，故常被果農作為果樹感染黴病的指示性植物。

不過若將複色異味薔薇種在庭院裡，它也有可能會開出純黃色的花來。這時千萬不要以為所購種苗有什麼問題，而是因為它是一個芽變品種，一言不合就會出現返祖現象，變回它原來的模樣。

19世紀古波斯彩色羊毛地毯（大英博物館藏）上的複色單瓣異味薔薇，乃伊朗頗具代表性的古老栽培薔薇。

Rosa Eglanteria var. punicea
Rosier Eglantier var. couleur ponceau
P.J. Redouté pinx.
Imprimerie de Remond
Coutan sculp

17

Rosa canina

安德森狗薔薇（*Rosa canina andersonii*），狗薔薇的一個類型。

稍作留意就不難發現，莎士比亞的文學作品中隨處可見的植物，或是常見的玫瑰，或是十分罕見的碎米薺（*Cardamine hirsuta*）。「野薔薇姿色撩人/與玫瑰一樣芳香四溢/高掛於藤蔓之上，悠閒嬉戲/夏日來臨，花苞輕輕開放/可是，野薔薇的好處只在於色相/寂寞開無主，凋零無人憐/它們寂寞地死去……」這是莎士比亞《十四行詩》中的一首，詩中「凋零無人憐」的野薔薇，據說就是狗薔薇。

狗薔薇在歐洲分佈很廣，常見於林地邊緣，為直立小灌木，一季開花，花色從白色至淺粉，變異較多，類型也多，據稱共400餘種。然而，它在歐洲庭院中卻一直不受待見，大概是它拱形多刺的枝條和花徑較小、香味較淡的花朵惹的禍。

關於狗薔薇的得名，有一種說法是當時的人們相信它的浸泡液具有療效，可以治愈瘋狗咬傷；另一種說法則是因為它的皮刺形狀本身就像狗的牙齒。它曾經還有一個更為不雅的名字「潰瘍花」，這也驗證了一件事，生得美麗的花，並不見得都會獲得與之相符的好名字。在歐洲，曾有人為狗薔薇不受待見而抱不平，認為人們過於重視具有馥郁花香的玫瑰，如大馬士革薔薇、法國薔薇等。事實也正是如此，具有芳香的花總是更容易受到人們的青睞。狗薔薇的起源至今並不十分清楚，有的史料記載其始現於1770年前，也有人認為其在歐洲至少已有上千年歷史。

狗薔薇的多個變種常被作為砧木使用，用來芽接或枝接繁殖其他薔薇屬植物。1851年，一個名為「外來植物苗圃場」的種苗商，以*Rosa canina*之名將其引入澳大利亞。

Rosa Montezuma
Rosier de Montezuma
P.J. Redouté pinx.
Imprimerie de Remond
Langlois sculp

18

Rosa gallica Officinalis

重瓣法國薔薇

關於玫瑰繪畫，中國最為細微精準的一幅是由南宋畫家馬遠所繪的《重瓣白刺玫》。其一枝一葉，一脈一瓣、一刺一節、一花一蕊，無不纖毫畢現。與現今的重瓣黃刺玫對照，除花色有異外，幾乎一模一樣，完全可視作植物標本畫的代表之作。19 世紀上半葉奧地利著名畫家費迪南德・喬治・瓦爾特米勒的《玫瑰》靜物畫，亦可視作植物繪畫。它雖以「玫瑰」之名聞名，其實畫中的玫瑰應為重瓣法國薔薇。

法國薔薇是由瑞典著名植物學家林奈在1759年命名的。在西方玫瑰歷史上，因其美麗、香味和經濟價值，法國薔薇被視作唯一可與大馬士革薔薇相提並論的薔薇屬植物。它栽培歷史悠久，為矮生灌木，開有大朵的重瓣花朵，香味濃郁，是西方世界第一種人工栽培的薔薇屬植物，早在龐貝和赫庫蘭尼姆兩座古城的彩繪壁畫和馬賽克鑲嵌畫中就已有它們的美麗身姿。公元79年維蘇威火山爆發後，這兩座城市被永久地封存在厚厚的火山灰下面。

重瓣法國薔薇花色較深，芳香濃烈，半重瓣，一季開花。其學名「Officinalis」在拉丁文中意為適合藥劑師使用，因此重瓣法國薔薇又以「藥劑師薔薇」（Apothecary's Rose）這一英文舊稱廣為流傳，至今仍作為世界上最受歡迎的古老月季之一而得到廣泛栽培。

據稱，重瓣法國薔薇於1160年前就已在歐洲栽培，14世紀以前，法國巴黎附近的小鎮普羅旺已經以生產重瓣法國薔薇而聞名。據記載，1860年普羅旺曾經出口36000公斤重瓣法國薔薇至北美地區。重瓣法國薔薇如此受歡迎，不僅因為它可以食用等，最為重要的一個原因是，在當時它是西方醫藥中使用最多的薔薇。英國伊麗莎白時期的藥劑師將其比喻為靈丹妙藥，認為它對一般性疼痛、嘔吐、排尿困難等五十多種病痛都有療效，甚至認為它可以改善「智力欠缺」的問題。

重瓣法國薔薇耐陰，因其極易從基部萌發新枝，故日常養護方法亦與中國玫瑰相似，非常容易打理，及時除去枯枝即可。

Rosa Gallica officinalis
Rosier de Provins ordinaire
P.J. Redouté pinx.
Imprimerie de Remond
Langlois sculp

19

Rosa carolina

卡羅來納薔薇

1986年，時任美國總統隆納・雷根在白宮玫瑰園宣布，將玫瑰定為美國的國花。在他的激情演講中，他將玫瑰稱之為「既是生命、愛和忠誠的象徵，也是美和永恆的象徵」。白宮玫瑰園也一直被看作是美國總統權力的象徵，由美國第28任總統托馬斯・伍德羅・威爾遜的夫人艾倫所創立。第35任總統約翰・甘迺迪和夫人賈桂琳在出訪歐洲後，重新對玫瑰園進行了規劃和擴建。

這裡的「玫瑰」，自然多指月季。在月季成為國花以後，美國的月季園如雨後春筍般湧現，不僅有亞特蘭大品種保存園、國際月季新品種測試園，而且還出現了具有紀念性的月季名園，比如位於紐約植物園內的佩吉・洛克菲勒月季園（Peggy Rockefeller Rose Garden），就是由洛克菲勒家族捐建的。因其佈局別緻，古老月季眾多，且各種免養護月季實驗層出不窮，故於2012年榮獲世界月季聯合會頒發的「世界月季名園」稱號。

卡羅來納薔薇是第一批登陸歐洲的美國本土薔薇屬植物之一，早在1732年，英國肯特郡已有種植。它又被俗稱為「牧場薔薇」。這種薔薇植株耐鹽鹼，在美國卡羅來納州非常普遍，多分佈於牧場、高地、山谷和沿海平原地區。其最易識別之處在於雌蕊呈紅色，花萼和萼筒被腺毛。它夏天開放，花香怡人，花瓣為粉色至淺紅色，葉片在秋天則變成紅色或黃色。適合成片栽培，觀賞價值較高。

我曾多次前往美國尋訪中國古老月季，其中小住加州，專程前往漢廷頓植物園圖書館查閱相關資料的經歷，至今仍記憶深刻。漢廷頓圖書館為著名的研究中心，所藏古籍頗多，進入該館查閱資料，需要有美國公民擔保。我當時的擔保人是鋼鐵專家陳棣先生及其夫人。陳棣先生的母親就是有「月季夫人」之稱的蔣恩鈿女士。蔣恩鈿女士為中國古老月季研究事業做出了巨大的貢獻，人民大會堂月季園便是其代表之作。那時我在研究中心裡面待了數天，幾乎不吃不喝，如飢似渴地飽覽各種月季類古籍，其中就有雷杜德的初版《玫瑰聖經》上、中、下三冊，略顯發黃的紙張，似乎熨平了時光的褶皺，200年前的枝葉和花朵仍鮮活靈動。特別是那間閱覽室所呈現的古典氣韻，令人十分著迷。

Rosa Carolina Corymbosa
Rosier de Caroline en Corymbe
P.J. Redouté pinx.
Imprimerie de Remond
Langlois sculp

20

Rosa pimpinellifolia

茴芹葉薔薇

新疆喀納斯的密刺薔薇，為喀納斯湖區最具代表性的薔薇，生於山地、草地、林間、灌木叢和河岸等地。

「世界上所有的玫瑰都不適合我，我只想成為我自己。只有蘇格蘭的白色小玫瑰，聞起來，又香又令人心碎。」

這是在蘇格蘭土地上廣為流傳的一首詩。詩裡的蘇格蘭白玫瑰就是茴芹葉薔薇。英國國王詹姆斯二世（也是蘇格蘭的詹姆斯七世）被廢黜後，他的孫子查爾斯・愛德華・斯圖亞特從法國返回蘇格蘭，謀劃復辟斯圖亞特王朝，在前往卡洛登沼澤與英軍決一死戰的早晨，他從花園裡摘下一朵蘇格蘭白玫瑰，插在了自己的帽子上。雖然這場戰役終結了斯圖亞特王朝的復辟，但從此茴芹葉薔薇就與蘇格蘭人有了一種特別的聯繫。20世紀，在蘇格蘭民族主義者爭取獨立運動中，它成為一種象徵。至今，在蘇格蘭的文學作品中，茴芹葉薔薇仍被稱為「蘇格蘭白玫瑰」。

茴芹葉薔薇名字裡的「*pimpinellifolia*」在拉丁文中為「茴芹」之意，並因葉子似茴芹而得名，又俗稱「茴芹薔薇」或「蘇格蘭薔薇」。它分佈廣泛，在歐洲西部邊緣、西伯利亞南部和中國西北部都可見其蹤跡。

Rosa Pimpinelli folia Mariaburgensis *Rosier de Marienbourg*

P.J. Redouté pinx. Imprimerie de Remond Chapuy sculp

在英國，茴芹葉薔薇尤為多見，是英國常見的三種野生薔薇屬植物之一。與日常生活中常見的狗薔薇和繡紅薔薇不同，它多生長於懸崖、荒野和沙丘等地，尤其是在海峽群島等海風肆虐的地方，因為匍匐生長的習性，足以讓它抵御風暴，旺盛生長。

野生茴芹葉薔薇一般被認為是密刺薔薇（*Rosa spinosissima*）的同種異名薔薇。密刺薔薇的莖上長有密密麻麻的皮刺，自然變異和人工雜交種類很多，顏色有白、黃之分，花朵有單瓣和重瓣之異。

早在古羅馬著名學者老普林尼的著作《自然史》中，密刺薔薇這種多刺低矮灌木就已有記載。據說老普林尼是歷史上最勤奮的專家之一，《自然史》共37卷，內容幾乎囊括了整個自然界各個方面的內容。關於老普林尼之死，廣為流傳的說法是他出於科學研究精神，在維蘇威火山爆發的當天前往龐貝實地考察，不幸遇難。其實根據史料記載，當時作為古羅馬艦隊首領的老普林尼，在意識到危險降臨時，將出於好奇的考察變成了救援，最終在率領艦隊前往龐貝營救的回程中，可能因火山灰和毒氣而窒息去世。

在中國新疆自然名勝之地喀納斯湖區，沿湖的山坡上就能發現密刺薔薇的倩影。喀納斯湖區海拔約1380米，位於新疆北部的阿爾泰山中段，薔薇種類頗多。密刺薔薇為喀納斯湖區最具代表性的薔薇，生於山地、草地、林間、灌木叢和河岸等地。其株型矮小，高不過1公尺，屬矮小灌木。枝幹密被皮刺和毛刺，花蕾露色時可見米黃色尚未開放的花瓣。初夏開花，花朵較大，氣味香甜，金色雄蕊尤為醒目，葉片小而色深。其薔薇果幾乎呈飽滿的球形，成熟時變成黑色，富有光澤。

喀納斯的密刺薔薇常與柳葉蘭和茅草伴生，耐陰、耐旱，抗病性極強，成為映襯清澈湖水、與藍天白雲相伴的一道靚麗風景。

21 ～ 40

21

Rosa centifolia var. *muscosa* 'Alba'

重瓣白苔薔薇

在歐洲，苔薔薇也屬於古老栽培薔薇類群，有時亦俗稱為「苔蘚玫瑰系」。中國出版的《生物醫藥大字典》中則把*Rosa centifolia* var. *muscosa* 譯為「毛萼洋薔薇」，據稱引自陳嶸專著。

陳嶸先生是中國樹木分類學奠基人，早年留學日本，1923年赴美國哈佛大學阿諾德植物園研究樹木學。1925年回中國後，他曾任金陵大學森林系教授，著有《中國樹木分類學》等開山之作。很顯然，所謂毛萼，當指花萼上由腺毛畸變而來的毛葉狀物。如若遵從這一譯法，則亦可將*Rosa centifolia* var. *muscosa* 'Alba'譯為「白花毛萼洋薔薇」。

由此可見，若非特別規定，外來植物的譯名並不統一，直譯、會意並存，譯者偏好、特徵表述等亦非鮮見。這也說明，植物的拉丁學名何其重要，它才是國際間植物學術交流的橋樑。

普通的苔薔薇花瓣繁多，留給雌蕊和雄蕊的空間較為局促，蟲媒或風媒等傳粉困難，因而多不易結實。好在苔薔薇芽變發生率較高，故而常見一些變種，變得越發清新可愛。

重瓣白苔薔薇，亦名White Moss Rose，是白苔薔薇的重瓣類型，同樣源自百葉薔薇，約始現於1696年前後。花瓣極多，可達50瓣，芳香濃烈，一季開花。其花白粉色，這是因為在芽變的過程中，有時會遺留一些百葉薔薇的粉紅色，似有藕斷絲連之跡。

如果要從苔薔薇中選出特別美麗的品種，那麼法國著名育種家讓．拉法葉培育的「夜之冥想」一定名列其中。在讓．拉法葉的一生中，他共計發布了500多個新品種。「夜之冥想」取自英國詩人愛德華．楊（Edward Young）的代表詩作《夜之冥想》之名，由中國月季培育而來。

Rosa Muscosa alba
Rosier Mousseux à fleurs blanches
P.J. Redouté pinx.
Imprimerie de Remond
Langlois sculp

22

Rosa arvensis

田野薔薇

德國野生田野薔薇。（攝於德國古堡古老月季園。）

在種類繁多的花卉品種出現之前，鄉野間的野薔薇總是令空氣中飄浮著淡淡的香氣。田野薔薇於1762年被發現並命名，英文名為Field Rose，廣泛分佈於保加利亞至愛爾蘭的歐洲大片地區。

田野薔薇的白色花朵樸實無華，花徑較小，單生，雄蕊金黃色，雌蕊集合成柱、呈青綠色，花枝多為淺紫色。有趣的是，田野薔薇雖屬一季開花類型，但秋季多少能零星開出幾朵花，以示對春的追憶。

在英國文藝復興時期的藝術創作中，常出現田野薔薇的身影。它最為著名的藝術形象，是出現在伊麗莎白一世時期，著名的微型肖像畫家尼古拉·希利亞德的代表作《薔薇叢中的少年》中。畫中的青年男子，據傳是女王當時的寵臣——埃塞克斯第二伯爵羅伯特·德弗羅。有學者點評道：「這幅畫描繪了一位衣飾華麗的青年在薔薇叢中，倚在一棵樹上的純潔無瑕的形象。其畫本身就是藝術與自然完美結合的象徵。」不過現實中，德弗羅的命運比較悲慘，最後以叛國罪被處決。有人認為這裡的田野薔薇是伊麗莎白個人形象

Rosa arvensis ovata *Rosier des champa à fruits ovoïdes*

P.J. Redouté pinx. *Imprimerie de Remond* *Chapuy sculp*

的象徵；青年男子身穿的黑、白兩色衣服，則分別象徵著忠貞與純潔。

關於田野薔薇的氣味，不同的人有截然不同的描述。據記載，在討論莎士比亞著名喜劇《仲夏夜之夢》中提到的薔薇是麝香薔薇還是田野薔薇時，一位英國皇家月季協會的會員根據自己的觀察，認為這種薔薇無論是白天還是夜晚，亦無論是在野外還是在栽培條件下，都根本沒有香味；而英國著名月季專家格雷厄姆·斯圖亞特·托馬斯，則認為它「香氣濃郁」。

我在訪問德國萊比錫大學時，曾專門到郊外田野丘崗尋訪田野薔薇。它的香味較淡，其小葉和花枝的模樣，特別是雌蕊伸出瓣外的長度和顏色，的確令人過目難忘。植於北京郊外，也能越冬，花開如常。

田野薔薇屬於半藤本，這對於以直立小灌木野生薔薇為多見的歐洲而言，已經是非常稀罕了。它們常常在陰涼的田野邊緣蔓延成綠籬。田野薔薇就是那樣，用它帶鉤的皮刺，倔強地攀爬在樹上，或是隨性地在地面伸展。

23

Portland Rose 'Duchess of Portland'

波特蘭月季

波特蘭月季的身世稱得上撲朔迷離。現在能夠確定的是，在19世紀中期，它非常受歡迎。波特蘭月季，也叫四季猩紅月季（Scarlet Four Seasons' Rose），常用英文名為Portland Rose。它具備多種薔薇的形態特徵，花朵和株型像法國薔薇變種藥劑師薔薇，葉片似普羅旺斯薔薇，而花梗和薔薇果則與大馬士革薔薇如出一轍。之所以稱其為月季，是因為它具備連續開花的特性，這顯然是1753年前後「中國四大老種」到達歐洲以後所育成的類群。

波特蘭月季名字的由來，與當時的梅爾梅森城堡玫瑰園園藝專家安德魯·杜彭有關。1803年，杜彭收到了一株來自英格蘭的玫瑰，據說這種玫瑰由熱愛植物收藏的波特蘭公爵夫人在自家花園中發現。1809年，在經過栽培待其開花後，杜彭將其命名為「波特蘭月季」。

在同時代的育種專家和玫瑰愛好者看來，杜彭個性古怪，卻熱愛玫瑰成癡。也有人開玩笑說，他將所有的溫柔都獻給了玫瑰。他是當時最著名的業餘月季育種專家，從1785年就開始在自己的花園裡培育各種玫瑰。在應邀前往梅爾梅森城堡工作前，他曾是約瑟芬皇后主要的玫瑰供應者。當中國月季抵達梅爾梅森城堡玫瑰園之後，杜彭利用中國月季至少培育出25種玫瑰，對19世紀初玫瑰的流行做出了巨大貢獻。

1814年，杜彭將自己收集培育的537個品種贈予巴黎盧森堡花園，這也是盧森堡花園成為當時世界上最大的玫瑰園的開端。盧森堡宮接收了杜彭的贈予後，將許多月季種在台地花園尤為醒目的位置，整個交接過程中唯一被遺漏的細節是，之前已協商好的應給予杜彭的600法郎養老金。這件事一拖再拖，直到生命的最後一年，杜彭還在默默等待著這筆品種補償金。

此種波特蘭月季花朵為紅色，半重瓣，花徑中等，帶有大馬士革薔薇的芳香，多數單朵著生。1811年安德魯所繪Rosa Portlandia，其實就是這種波特蘭月季模樣的另一個版本。安德魯認為，其明亮的顏色，是任何藝術品都難以逾越的。

有人認為，此種波特蘭月季應該帶有中國斯氏猩紅月季（即赤龍含珠）的基因。但法國里昂第一大學完成的基因分析結果表明，此種推斷並不成立。即便如此，波特蘭月季僅憑其火紅的花色、淺綠的花梗和淡黃綠色的葉片，就可以很容易地與大多數月季品種區別開來。

安德魯（H. C. Andrews）畫於1811年前後的波特蘭月季。

Rosa Damascena Coccinea
Rosier de Portland
P.J. Redouté pinx.
Imprimerie de Remond
Bessin sculp

24

Rosa palustris

沼澤薔薇

無論是化石還是活體植物，南半球都沒有任何野生薔薇屬植物可覓。而在北半球，從西伯利亞以西到阿拉斯加的極地地區，從緬甸熱帶雨林到海風肆虐的赫布里底群島，都有薔薇屬植物存在。既有數十公分高的袖珍灌木，也有株型龐大的物種，在如此復雜多樣的環境中，薔薇屬植物展現了令人驚訝的綜合適應能力，例如唯一遍布北極地區的植物物種，就是一種名為刺薔薇（*Rose acicularis*）的玫瑰，它枝條上的刺毛，可以幫植株抵禦嚴寒。

沼澤薔薇（Marsh Rose）是少數幾種能忍耐極為潮濕土地的薔薇屬植物之一。自1726年以來，它逐步得到園藝家的重視。在拉丁語中，「palus」即為沼澤之意。

沼澤薔薇分佈於美國佛羅里達州至加拿大東部的沼澤地區。在美國尋訪沼澤薔薇時可得小心，花叢之下，一不小心就會碰上長達數米、重達數百公斤的短吻鱷，這絕非天方夜譚。

沼澤薔薇花色鮮紅，花徑較大，有著較為濃郁的甜香味。株型直立，枝幹挺直但略顯柔軟，枝葉伸展，葉片光亮。

沼澤薔薇的特點是其托葉狹長，薔薇果近球形，成熟時呈紅色。春季開花後，秋後尚可少量見花。特別是其枝幹，入秋即呈紫紅色。冬季葉片凋落後，紅色的薔薇果和鮮紅的枝幹，成為冬天裡一抹不可多得的俏色。它與紅瑞木相近，都是庭院景觀、特別是水岸濕地的理想觀賞植物。沼澤薔薇有單瓣和重瓣兩類，重瓣者景觀效果更佳。

Rosa Damascena Coccinea *Rosier de Portland*

P. J. Redouté pinx. Imprimerie de Remond

25

Rosa pimpinellifolia 'Double Pink Scotch Briar'

半重瓣茴芹葉薔薇

半重瓣茴芹葉薔薇，英文名為Double Pink Scotch Briar，是野生茴芹葉薔薇的重瓣類型，花瓣呈粉紅色，觀賞價值較高。半重瓣茴芹葉薔薇與茴芹葉薔薇的區別，主要在於花瓣數量和顏色。茴芹葉薔薇相對容易識別，其枝幹密被皮刺和刺毛，花梗上有腺毛，花萼光滑，萼片兩側幾乎不分裂，先端也沒有常見的尾葉。

茴芹葉薔薇忍耐貧瘠土壤的秘訣之一，就在於其枝幹上密密麻麻的皮刺。皮刺、毛刺、腺毛，三者均為枝幹上的附著物，有利於植物自身爭奪陽光和水分。皮刺，在大眾語境中多簡稱為「刺」，不過植物學家須用「皮刺」這個分類學名詞。刺可以指樹枝畸變形成的枝刺，而皮刺則直接從枝乾和花枝伸出；毛刺則是木質化程度不高的刺，如玫瑰、刺薔薇（*Rosa acicularis*）等花枝上的刺，受力可以彎曲；至於腺毛，則多分佈於小葉邊緣或是花梗周邊，其先端通常具有腺體，如苔蘚薔薇，還能散發出濃郁的芳香。

茴芹葉薔薇頑強的生命力，使它能夠在其他玫瑰不易生長的環境中茁壯生長。在過去的幾百年裡，人們將茴芹葉薔薇帶往北美洲、歐洲和南半球各地。加拿大女作家露西．莫德．蒙哥馬利(Lucy Maud Montgomery) 在作品《綠山牆的安妮》裡，描繪了蘇格蘭移民對它至死不渝的熱愛；在冰島，人們將它稱為「荊棘玫瑰」，意思是睡美人，可能是因為它開花較早，美麗的花朵如同在漫長而黑暗的冰島冬天醒來的睡美人；在挪威，它則與挪威民間的巨魔聯繫在一起。

然而有趣的是，近年來生存於北歐的茴芹葉薔薇，卻受到了來自中國玫瑰的威脅。中國玫瑰在作為園藝品種被引進當地後，從花園裡逃逸，將海岸沙丘作為棲息地，長勢極為茂盛。

Rosa pimpinellifolia 'Double Pink Scotch Briar' / 半重瓣茴芹葉薔薇 /

26

Rosa moschata Semi-plena

半重瓣麝香薔薇。（林彬攝）

玫瑰的價值並非僅僅源於它的美麗和芬芳。儘管在藥用植物學歷史上，它無法與罌粟相提並論，但是在20世紀以前，無論在東方還是西方的醫學史上，它都曾佔有一席之地，被認為是醫治人類疾病的良藥。比如，大馬士革薔薇向來被認為不僅可以包治百病，而且可以強健心臟、提神醒腦，甚至還是強有力的催情藥；法國重瓣薔薇則被英國伊麗莎白時期的藥劑師當作靈丹妙藥；而金櫻子則早在中國宋代以前就開始作為藥材栽培了。

麝香薔薇的藥用歷史也非常悠久。除了和大馬士革薔薇一樣被用於強健心臟、提神醒腦外，其中更為有趣也更令人信服的記載，來自伊麗莎白時代的植物學家、理髮師兼外科醫生約翰·傑拉德，在他給病人開的處方中，就有在正餐、甜點或其他美好的食物中，添加用麝香薔薇製成的玫瑰水，以此來溫和地清理腸道中未消化的、黏液質的，偶爾還可能是膽汁質的排泄物。甚至，他還將麝香薔薇的花瓣作為健康食物大力推薦，建議將其做成沙拉或是根據用餐人的喜好做成其他佳餚，人們在享受美味的同時，還能順便清理腸胃。

雷杜德所繪的這種半重瓣麝香薔薇大約始現於1513年，它被普遍認為是麝香薔薇的芽變品種。半重瓣麝香薔薇外瓣寬大，而內瓣

Rosa Moschata flore semi-pleno　　*Rosier Muscade à fleurs semi-doubles*

P. J. Redouté pinx.　　Imprimerie de Remond　　Charlin sculp

較小，花瓣數量也不算多。奇妙的是，原本薔薇的芳香多半來自花瓣，而半重瓣麝香薔薇濃郁的香氣則是源自其花蕊，濃烈的麝香味中混有明顯的丁香味。其花蕾露色時，帶有粉紅色，盛開時則呈純白色。其株型可以通過定向栽培，將其培育為灌木或半藤本。這種可藤可灌的特性，可以說是歐洲古老薔薇的顯著特徵之一。

英國著名月季育種專家大衛·奧斯汀在選育新品種時，尤其註重玫瑰的美感。他的英國月季品種目錄裡，也有不少這樣的品種。像「黃金慶典」（Golden Celebration）、「夏洛特夫人」（Lady of Shalott）、「威基伍德」（The Wedgwood）等，都具有藤灌兩用之特性，只要適度修剪就能改變其株型高矮。當然，這種可藤可灌式的藤本薔薇，其藤性與中國粉紅香水月季等大型藤本月季相比，還是不可同日而語。即便與我育成的「香粉蝶」（Fragrant Butterfly）比較，也只能是小巫見大巫了。

27

Rosa chinensis CV

灰白葉月月紅

月月紅又被稱為「唐紅」，因為它最早出現於唐代之前。「月月紅」這個名字則始於宋代，因其月月開紅花而得名。與月月粉一樣，月月紅在我們的生活中頗為常見，且栽培壽命極長，是中國古老月季的一個類群，即指花朵重瓣、花色深紅、能夠四季開花的一類月季。

現代基因分析表明，月月紅既含有野生單瓣月季花（*Rosa chinensis* var. *spontanea*）的基因，也有多花薔薇的基因。多花薔薇為傘房花序，多朵集生，這也正是月月紅一根花枝上多見數朵聚生的原因。

中國的野生單瓣月季花屬月月紅類群之原始種。在全世界薔薇屬植物中，它應是最重要的一種，是當今世界上所有能四季開花的月季、玫瑰和薔薇的祖先。它與中國的大花香水月季在月季育種史上的影響，比世界上其他任何薔薇物種都要大，使用它們繁衍而來的類群有中國月季和茶香月季、波旁月季和諾伊賽特月季、雜交茶香月季和豐花月季等。現在，這些類群早已佔據了世界各地花園的每一個角落。

野生單瓣月季花之學名，其實是特指一種野生薔薇原種，而並非指某種月季。單瓣月季花（*Rosa chinensis* 'single'），則為中國古代園丁培育出的一個品種。之所以如此，是因為單瓣月季花早於野生單瓣月季花被發現和定名。早期，很多從文獻上研究中國月季的學者，尤其是西方學者，一直將單瓣月季花當作野生種，他們到中國漫山遍野地尋覓，自然無功而返。

中國野生單瓣月季花最早是由奧古斯汀・亨利（Augustine Henry）於1902年在湖北宜昌發現的。再次發現則是在1983年，發現者為當時在四川大學留學的日本人荻巢樹德（Mikinori Ogisu），他是英國著名月季專家格雷厄姆・斯圖亞特・托馬斯的學生。格雷厄姆曾多次囑咐荻巢樹德，一旦有機會到中國，一定要去尋找野生單瓣月季花。儘管荻巢樹德的這次發現非常偶然，但是卻再次引發了世界各國的月季專家對月季花祖先的尋根熱潮。現在，野生單瓣月季花已被引種於英國、美國、德國、法國、日本、義大利及南非等國。

美國加州採石山植物園主任比爾曾專程來中國，赴四川深山中採集單瓣月季花的種子，後將其帶回美國繁育成小苗，栽種在植物園的小山頂上。當我前往時，那株小苗早已長成茂盛的大藤本。比爾還在山頂上闢出一塊平地，仿照四川藏區搭建了一座經幡。藍天之下，經幡飄揚，彷彿在歡迎我這位來自其故鄉的月季痴迷者。

根據《中國植物誌》記載，野生單瓣月季花「原產於湖北、四川、貴州等地，花瓣為紅色，單瓣，萼片常全緣，稀具少數裂皮」。但根據我多年來在四川等地實地調查發現，其形態特徵遠比以上這些更為複雜和多樣。就花色而言，可分為白花型、粉紅花型和猩紅花型，相互間區別明顯，但不論是哪一種類型，花蕾顯色部分均不帶雜色暈斑，與香水月季類有異。

雷杜德所繪的這種半重瓣月月紅，有人認為是赤龍含珠。但就枝葉和花的主要形態特徵而言，其相似度並不高。據其小葉背面呈灰白色這一顯著特徵，我以為將其暫且命名為「灰白葉月月紅」較為合適，以待日後進一步比較研究。

Rosa Indica Cruenta
Rosier du Bengale à fleurs pourpre de sang
P.J. Redouté pinx.
Imprimerie de Remond
Langlois sculp

28

Rosa majalis Foecundissima

重瓣桃花薔薇

重瓣桂味薔薇（*Rosa majalis*‘Plena’）。

這種桃花薔薇為桂味薔薇（*Rosa majalis*）的重瓣品種，英文名為Cinnamon Rose。因其花型與花色極像重瓣桃花，我在德國古堡古老月季園邂逅它的時候，「人面桃花相映紅」的意象油然而生，遂給它起了這個形象而又好記的中文名。

就薔薇分類學而言，桂味薔薇是薔薇屬下面的一個組，這個組非常大，目前已擁有30種薔薇，大家所熟悉的玫瑰，就是其中之一。之所以稱其為桂味薔薇的原因眾說紛紜，據英國植物學家約翰．傑拉德在《本草要義》中記載，這是源於其葉片獨特的氣味；而有的人則認為，是因為桂味薔薇的葉片經過發酵後可以作為某些肉桂的替代物；還有人認為是因其紅棕色的莖與肉桂十分相似。總而言之，起名的緣由莫衷一是，而「肉桂薔薇」也成為其別稱之一。

桂味薔薇的許多種均原產於歐洲寒冷地區，如瑞典、芬蘭、西伯利亞等地，為落葉灌木，枝干紅褐色，皮刺稀少，小葉5~7枚，葉緣呈鋸齒狀。

Rosa Cinnamomea Maialis
Rosier de Mai
P. J. Redouté pinx.
Imprimerie de Remond
Chapuy sculp

桂味薔薇組中，鼎鼎大名的當數腺果薔薇（*Rosa fedtschenkoana*）。它原產於中亞至中國的新疆地區，是大馬士革薔薇的重要親本之一，由俄羅斯費琴科家族命名，這個顯赫的家族中曾出現過三位著名的植物學家。

腺果薔薇的匍匐枝上帶有小皮刺，花朵為扁平的白色小花，露出漂亮的黃色雄蕊。葉片呈明顯的淺灰色。此花的園藝價值，在於其春花之後，秋天尚能開出些許小花，但並非具備像月季那樣連續開花的特性。

重瓣桃花薔薇出現於1583年前後，直立中型灌木，外瓣大於內瓣，內瓣狹長，瓣多塞心，呈鈕扣狀，皮刺多於托葉處成對生狀。它的枝幹呈紫紅色，秋季色尤深。花大，色妍，花枝曼妙，抗旱性較強，是水岸、濕地、草地、庭院等地的極佳景觀樹種。

29

Autumn Damask Rose

秋大馬士革薔薇

秋大馬士革薔薇為重瓣，秋季也能少量開花。

至今，我遍尋世界各地，也無緣目睹雷杜德所繪月季、玫瑰和薔薇的原作，頗為遺憾。

2010年，蘇富比拍賣會上展示了約50幅雷杜德繪於羊皮紙上的手繪玫瑰圖。一位匿名買家拍走了全部作品。其中一幅成交價高達250000英鎊，這幅原估價50000~70000英鎊的作品中，畫的便是一枝秋大馬士革薔薇。它的花瓣先端為淺粉色，隨著向中心延伸，粉色逐漸加深，與淡綠色的花枝和紅色的皮刺形成鮮明的對比。

現在許多月季愛好者熟知的大馬士革玫瑰，其實就是大馬士革薔薇。大馬士革薔薇有夏大馬士革薔薇（Summer Damask Rose）和秋大馬士革薔薇（Autumn Damask Rose）之別，兩種均為重瓣類型。不同之處僅在於夏大馬士革薔薇只能在春季或夏季開花（因所處地域不同，故開花有春、夏之分），而秋大馬士革薔薇則在秋天也能少量開花，這也是分佈於新疆、伊朗等地的中東野生腺果薔薇（*Rosa fedtschenkoana*）的重要性狀之一。原產於中國的玫瑰，也能於秋季見到花果同株之景。

現代基因分析表明，大馬士革薔薇起源於法國薔薇、麝香薔薇和腺果薔薇。據推測其形成過程是法國薔薇與麝香薔薇雜交之後，再以腺果薔薇做父本雜交。如何才能完成這一遠緣雜交的壯舉，至今無從查考。

從古至今，大馬士革薔薇都是世界上最富有經濟價值的薔薇屬植物。最初，它就是作為香料進行栽培的。它栽培相對容易，香氣濃郁，味道獨特，且花瓣富含芳香油，是珍貴的玫瑰精油原料。類似這種芳香如此濃郁的薔薇，還有中國的玫瑰。從世界各國對其精油成分與含量進行分析的報告來看，玫瑰並不輸大馬士革薔薇，只是玫瑰香料的生產晚於西方而已，才讓大馬士革薔薇有了大放異彩的機會。

有趣的是，人們從未發現過野生的大馬士革薔薇。據稱，荷馬史詩中就有關於重瓣薔薇栽培的記載，並由此推測其為大馬士革薔薇。也有人認為，大馬士革薔薇出現於1560年前後。關於大馬士革薔薇流散至歐洲，有兩種說法：一種是古羅馬十字軍東征，經敘利亞首都大馬士革返回時，發現了這種花型優美、香氣濃烈的重瓣薔薇，遂作為戰利品帶回歐洲，因其來自大馬士革，故稱之為「大馬士革薔薇」；另一種說法則是敘利亞大馬士革的使節，前去伊朗朝拜姆薩爾清真寺時，帶回了幾株當地被叫作「伊朗紅」（Iranian Red Flower）的重瓣栽培薔薇，後被引入歐洲，並以「大馬士革玫瑰」之名廣泛栽培。

姆薩爾村位於絲綢之路西端，佔地面積不大，現今常住居民不過3500餘人。當地人稱之為「伊朗紅」的大馬士革玫瑰，也叫穆罕默迪玫瑰（Mohammadi Rose）。姆薩爾村也曾是蘇麻離青鈷料的知名產地。這是一片神奇的土地，「伊朗紅」紅遍天下，而「青花青」蘇麻離青鈷料則成就了中國元明時期最為上乘的瓷器之釉下青花。

P. J. Redouté pinx. Imprimerie de Remond Langlois sculp

30

Double Miniature Rose

重瓣微型月月粉

南京微型月月粉，花色較淺，萼片帶有些許分裂。

重瓣微型月月粉，西方亦稱其為*Rosa chinensis minima*。現在西方流行的重瓣微型月月粉，是魯萊特上校於1917年前後在瑞士一家農戶的窗台上發現的。

重瓣微型月季有幾種類型，每一種都不盡相同。雷杜德所繪重瓣微型月月粉，從其形態特徵來看，與我30年前在南京王府園裡發現的微型月月粉極為相似，其萼片呈羽狀分裂。而台灣發現的微型月月紅，其花為紅色，花朵直徑也更大一些，俗稱「台灣小香粉」。

重瓣微型月季非常容易識別，簡而言之，就是小一號的月月粉。因此，我推測雷杜德所繪重瓣微型月月粉為中國古老月季名種月月粉的實生苗後代。

至於實生苗出現變異的過程，則頗為有趣。你也可以嘗試這麼做：選用某種月季作為親本，採其成熟果實（即薔薇果），除去果肉，取出種子，淘洗乾淨後，去癟粒，經沙藏或冰箱冷藏，於春季播種，待種子萌髮長成幼苗開花後，選其變異株，就能獲得新的品種。當然，其親本必須為非純合子，就是說其親本在自然或人為條件下已經與其他不同種類的薔薇或月季進行過雜交，才

Rosa Indica Pumila
Rosier nain du Bengale
P.J. Redouté pinx.
Imprimerie de Remond
Chapuy sculp

能從其實生苗中選育出新的品種，至少理論上是這樣。

由於親本的遺傳背景不同，實生苗中出現的性狀分離各異，可能獲得的變異亦不盡一致。比如，用月月紅的種子播種，其後代可能會出現藤本月季、單瓣月季、半重瓣月季、白花月季、粉紅月季等。但如果是採集野外未經雜合的野生薔薇，如金櫻子等，那其實生苗中就不會出現重瓣金櫻子之類。薔薇基因遺傳的奇妙之處，就藏在這小小的種子之中。

31

白大馬士革薔薇

Rosa × bifera

開白花的重瓣大馬士革薔薇，除了顏色不同之外，其形態特徵與秋大馬士革薔薇幾乎別無二致。

現在歐洲的庭院裡，以開粉紅色重瓣花的秋大馬士革薔薇為主，而白花重瓣類型的大馬士革薔薇已經非常罕見。好在歐洲文藝復興早中期的繪畫巨匠，用他們魔幻般寫實的畫筆和獨到的視角，留住了它400年前的芳容。

玫瑰通過蒸餾可獲得玫瑰香水，有效含量高的部分為精油，副產品則為玫瑰露。現在幾乎可以確定的是，大馬士革薔薇最初是以名貴玫瑰香水的形式，而非花卉的身份，由阿拉伯帝國進口至歐洲的。它們最早抵達中國的方式也是如此。據史料記載，唐高宗永徽二年（651年），阿拉伯帝國第三任正統哈里發奧斯曼派遣使節抵達長安與唐朝通好，此後雙方往來頻繁。阿拉伯帝國是由阿拉伯人建立的伊斯蘭帝國，極盛時期國土面積超過1400萬平方千米，橫跨亞非歐三大洲。在兩國頻繁的交流中，中國的造紙術傳入阿拉伯，阿拉伯帝國的玫瑰香水則在中國流傳開來，在中國的史書中，它被稱作「大食國的玫瑰水」。

中國人自大約1200年前，即盛極一時的唐朝，就已開始流行熏香。傳說柳宗元每讀韓愈詩前，必先用薔薇露洗手，然後用香熏衣。柳宗元所使用的薔薇露，或許為當地薔薇花上的露水，或是含有薔薇花的混合香水。熏衣的過程相當煩瑣，需要先將衣服鋪開在由竹片編成的熏籠上，然後點燃熏籠下方的小火爐，火爐上覆以各種名貴香料。借助這種小火熏蒸散發的味道來為衣服染香的方式，既費料費工，還極不方便。

因此，北宋初年當裝在圓腹長頸琉璃瓶中的「大食國的玫瑰香水」進入中國後，立刻備受追捧。它可直接噴在衣服上，免去熏衣之煩瑣，因此頗得宋人追求雅致生活之心。不僅如此，玫瑰香水還被「貴人多作刷頭水之用」，而有此習俗的普通百姓，因玫瑰香水貨稀價貴，則多使用桂花製作的「香發木樨油」。

宋代蔡絛在《鐵圍山叢談》一書中，還特別說到了大食國薔薇水的製作工藝：「舊說薔薇水乃外國採薔薇花上露水，殆不然，實用白金為甑，採薔薇花蒸氣成水，則屢採屢蒸，積而為香，此所以不敗。但異域薔薇花氣馨烈非常，故大食國薔薇水雖貯琉璃缶中，蠟密封其外，然香猶透徹聞數十步，灑著人衣袂，經十數日不歇也。」

大馬士革薔薇製成的玫瑰水進入中國，路線有兩條：一條從波斯等地出發，經陸路沿絲綢之路抵達長安；另一條則經商船從海上而來，沿海港口為泉州等地。

一則有趣的記錄是，儘管約瑟芬皇后非常熱愛玫瑰，但是她最為鍾愛的卻是麝香香水。在她去世60年後，她的梅爾梅森城堡寢宮裡的麝香味道，仍飄逸不散。

老博斯．查爾特（Ambrosius Bosschaert，The Elder）1614年所繪靜物畫裡的白花重瓣大馬士革薔薇。

Rosa Bifera alba *Rosier des quatre Saisons à fleurs blanches*

P.J. Redouté pinx. Imprimerie de Remond Bessin sculp

32

Rosa Centifolia CV.

粉花康乃馨薔薇

粉花康乃馨薔薇，因花瓣似康乃馨而得名。花重瓣，蓮座狀；花徑較小，幾乎無香味。（此圖攝於日本大阪濱寺月季園。）

據記載，歷史上百葉薔薇又曾被稱作「普羅旺斯薔薇」，這讓荷蘭人無法忍受，他們認為應該稱之為「荷蘭薔薇」，但是在古老的文獻中，似乎並沒有任何關於荷蘭人培育了這種薔薇的說法。百葉薔薇到底起源於哪裡，目前還沒有定論，或許在未來很長的時間內也不會有答案。

但毋庸置疑的是，相當長的一段時間裡，在花園裡種植百葉薔薇，成為歐洲貴族所追求的一種時尚，這也間接成為百葉薔薇育種的催化劑。

粉花康乃馨薔薇乃百葉薔薇的一個品種，因花瓣似康乃馨而得名。百葉薔薇的變種或品種甚多，但花瓣畸變成康乃馨形者，實屬罕見。其株型呈灌叢狀，半藤本；花重瓣，蓮座狀；花徑較小，幾乎無香味。夏、秋兩季開花，培為樹籬，則尤為別緻。

與粉花康乃馨薔薇相類的品種，如今只有荷蘭人葛魯頓第斯特於1921年育出的「粉花葛魯頓第斯特」（Pink Grootendorst），我謂之「粉花康乃馨薔薇」。此外，尚有開白花者，即「白花葛魯頓第斯特」（White Grootendorst）。我在日本大阪濱寺月季園尋訪古老月季時，除收穫了中國七姊妹的古典類型外，還有一個意外之喜，便是遇到了以上這兩個品種。

Rosa Centifolia Caryophyllea
Rosier OEillet
P.J. Redouté pinx.
Imprimerie de Remond
Charlin sculp

33

Semi-double White Rose

半重瓣白薔薇

在西方文化中，再沒有任何一種花擁有如玫瑰一般豐富的寓意。普通大眾即使對薔薇屬植物了解甚少，也大概會知道紅玫瑰代表苦難和真愛，白玫瑰則象徵純潔與忠貞。

在歐洲漫長的中世紀裡，薔薇與宗教有著緊密的聯繫，在但丁的筆下，天堂是一朵純潔無瑕的白薔薇，聖母高高坐在距太陽最近的那朵花上。「……那些永恆的玫瑰花組成的兩個花環圍繞著我們轉動，同樣，外面那個花環的動作和歌聲與里面的那個花環相協調。」

白薔薇在歐洲的栽培歷史十分悠久，1500年前後已有記錄，是一種古老的歐洲薔薇，曾廣為修道院所栽種。在著名畫家德郡的畫作《雷卡米埃夫人在樹林修道院》中，隱居在修道院中以度過餘生的雷卡米埃夫人，她的小庭院中就有一株白薔薇。白薔薇也有無辜之意，作為當時法國著名的沙龍女主人，雷卡米埃夫人有著謎一般的身世，其中一種說法是，她德高望重的先生其實是她的父親。她的父親為了保護自己的財產，因此與女兒維持了一種名義上的婚姻。雷卡米埃夫人幾次提出離婚，但終生都未能追求到屬於自己的幸福。

白薔薇容易栽培，且植株強壯，花蕾為粉紅色。雷杜德所繪半重瓣白薔薇，色白，花大，瓣多，有甜香味；萼片有腺體，先端呈尾葉狀。與馬克西馬白薔薇（*Rosa alba* Maxima）相類。該古老品種為六倍體，一般認為是法國薔薇和狗薔薇的雜交種。

Rosa alba flore pleno
Rosier blanc ordinaire
P.J. Redouté pinx.
Imprimerie de Remond
Langlois sculp

34

Rosa majaris

五月薔薇

五月薔薇也是桂味薔薇組中的一種。這種薔薇的英文名為May Rose，意為在初夏開花的薔薇。花徑5公分左右，花枝紫褐色，皮刺對生，淡粉色的花朵別緻可愛。

它分佈於歐洲較寒冷的地區，瑞典、芬蘭等地均可見到，常生長於潮濕環境，早在1600年前就已被人工栽培。五月薔薇高達2米，植株茁壯呈灌叢狀，枝條呈拱形。因枝葉觀賞特徵明顯，所以常被作為庭院景觀樹種栽培。我以為，雷杜德所繪之五月薔薇疑為栽培品種，理由是同一植株上，有些花朵的花瓣外緣帶有淺白色，其餘則為深粉色；而有些花朵花心周邊呈「粉白眼」狀，花瓣外緣則無明顯漸變色。花色變異如此之大，至少在中國境內自然分佈的百餘種野生薔薇中，我尚未發現有相類者。

原產於中國四川的全針薔薇（*Rosa elegantula*‘persetosa’），被認為是桂味組中最適合用於庭院栽培的野生植物之一，它優雅的小花在細長的花枝間如同閃爍的繁星，非常可愛。1915年，英國植物學家雷金納德．法勒在四川野外採得的全針薔薇種子，寄給了當時英國最重要的一位園藝師E. A. 鮑爾斯。鮑爾斯悉心播種，在開花的子代中，篩選出一棵奇異的單株，並將其命名為「偶然全針薔薇」。它的紫粉色花朵十分嬌小，金黃色的花心分外醒目，備受園丁們的歡迎。對於那些從事押花藝術工作的人來說，它是唯一能夠整朵壓制的薔薇花。

Rosa cinnamomea flore simplici
Rosier de Mai à fleurs simples
P.J. Redouté pinx.
Imprimerie de Remond
Charlin sculp

35

Rosa gallica Versicolor

法國條紋薔薇

法國條紋薔薇（French Rose‘Versicolor’）是法國藥劑師薔薇的芽變品種。據稱，它始現於1581年，是西方可謂家喻戶曉的古老月季，因其花瓣呈條紋狀而聞名於世。英國人還給法國條紋薔薇起了另外一個名字，叫作「*Rosa mundi*」，現在*Rosa mundi*已成為美國月季遺產基金會定期出版發行的古老月季期刊之名。

其實，「古老月季」這個概念也是相對而言的。國際園藝學會（特別是美國月季協會）將1867年所培育的月季新品種「法蘭西」定為現代月季之始，但是像「法蘭西」這樣的月季早在中國宋代已有多種。結合中國古代月季的實際情況，我認為應將中國的古老月季稱為「古代月季」更為準確。因為「法蘭西」所擁有的四季開花、具有茶香味等性狀特徵，均來自中國古老月季。

另外，在月季育種史上，1867年對中國來說顯然已經屬於近代了。但對有些國家來說卻仍很遙遠，比如南非，大約在1967年，才引進了現代月季作為這個國家栽培的第一個品種。所以從這個層面來說，古老月季根據時間劃分也有它的相對局限性。

為了解決這些問題，世界月季聯合會古老月季保存專業委員在斯洛文尼亞專門召開了一次會議，探討如何重新界定古老月季。當然這畢竟只是一個協會，所以它的規定往往會比較寬泛。

這次會議對古老月季的界定做出了新的規定：首先，薔薇屬裡所有的原種，均為古老月季；其次，這些原生種的種間雜交種也屬於古老月季，比如中國的粉團薔薇，它歸於古

Rosa Gallica Versicolor　　*Rosier de France à fleurs panachées*

P. J. Redouté pinx.　　*Imprimerie de Remond*　　*Langlois sculp*

老月季的原因是從基因分析來看，它起源於一種野生薔薇即多花薔薇，而且始現於千年以前；最後，古老月季還包括了一些發現品種。何謂發現品種？比如在百慕達發現了很多疑似中國月季，因不知道確切名稱，於是就被稱作「發現月季」（Found Rose）。在這些品種沒有被系統地學術歸類之前，也可以歸為古老月季。還有一種情況，就是在栽培月季品種歷史非常短的國家，比如南非，可以根據他們自身的需要，按照園藝學的重要性來界定他們自己的所謂古老月季。因此，關於古老月季的界定，不是一兩句話就能夠說得清楚的。

法國條紋薔薇芳香濃郁，觀賞價值較高。根據美國歷史最為悠久的長島月季園的記載，該園在1746年已有1600個薔薇屬品種可供銷售。時任第一國務卿的湯瑪斯．傑佛遜非常喜歡薔薇屬植物，曾於1791年訂購過許多品種，其中就包括法國條紋薔薇。1799年，即將成為美國第三任總統的湯瑪斯．傑佛遜收到了來自英國的禮物——中國的碩苞薔薇。碩苞薔薇迅速適應了美國西南部乾旱的自然環境，以至於很快成為當地令人頭疼的入侵物種，這是後話。

讓．馬克．納蒂埃．瑪儂巴萊蒂1751年所繪人物肖像畫中的條紋薔薇胸花，雖僅作裝飾，但形態特徵同樣筆墨精到，栩栩如生。

36

Rosa damascena 'Versicolor'

變色大馬士革薔薇

變色大馬士革薔薇始現於1581年，為法國藥劑師薔薇的變種，至今仍有栽培。其顯著形態特徵為花型不甚規則，花色純白或純紅，或部分白色部分紅色，且其不同花色的花朵經常出現在同一植株上。

在歷史上，變色大馬士革薔薇被賦予了特殊意義，因英國歷時30年的玫瑰戰爭而聞名於世。

玫瑰戰爭是愛德華三世的兩支後裔，為爭奪王位而引發的一場持續的英格蘭內戰，最終蘭開斯特家族的亨利．都鐸擊敗了約克家族的理查三世，登上王位，建立了都鐸王朝。為了進一步鞏固自己的王權，亨利七世不僅迎娶了理查的侄女伊麗莎白，還將象徵著約克家族的白玫瑰嵌在象徵蘭開斯特家族的紅玫瑰之中，作為都鐸王朝的徽章。徽章中的都鐸玫瑰就是常被稱為「約克和蘭開斯特」的變色大馬士革薔薇。

發生在約克郡的托頓戰役，是玫瑰戰爭中規模最大，也是最血腥的一場戰鬥，雙方都傷亡慘重，約有28000人喪生。據記載，戰爭結束後，直到20世紀，變色大馬士革薔薇仍在托頓茂盛生長，有人認為這其實是當地被鮮血染紅的蘇格蘭白玫瑰。英國拉文沃思勳爵還為此寫下了著名的一首詩，詩中寫道：「哦，紅玫瑰和白玫瑰，在托頓的沼澤地上生長，紅白相間/為了紀念屠殺，紅色的血像水一樣流淌……」19世紀末，托頓的變色大馬士革薔薇開始逐漸減少，當地農民將它當作雜草盡最大努力清除，而本地居民則將其挖出，當作紀念品賣給前來參觀古戰場的遊客。在這片土地上，它最終消亡於20世紀40年代。

變色大馬士革薔薇這種罕見的變色現象，與中國宋代月季名種楓葉蘆花極為相像。楓葉蘆花屬於茶香月季系統，由英國植物學家福瓊於1844年前後從中國引入英國，備受歐洲園丁的青睞。它在西方有多個名字，在百慕達被稱為「福瓊五色月季」（Fortune's Five Coloured Rose），在法國則稱被為「史密斯教區」（Smith's Parish）。雖然名字中有「五色」兩字，但它其實僅有紅、白兩種顏色。不過也正是因為這兩種顏色奇妙地交錯於花瓣之間，使其終成世界神秘月季名種。

據記載，英國植物獵人福瓊是在中國寧波尋找重瓣黃色月季時，在一處私家花園裡發現這種珍稀月季的。可惜，名字如此風雅的楓葉蘆花，我雖已尋它三十年，但至今仍未在國內發現它的踪跡。2011年10月，我應邀去美國進行學術訪問，採石山植物園（Quarrghill Botanical Garden）園長比爾·馬可拉馬克驅車帶我前往一座名叫格倫艾倫的古鎮用餐。在一個牆角，猝然之間，我竟與一叢獨自盛開的楓葉蘆花邂逅，那一刻，驚喜、慨嘆、悵惘，五味雜陳。

Rosa Damascena Variegata
Rosier d'Yorck et de Lancastre
P.J. Redouté pinx.
Imprimerie de Remond
Bessin sculp

37

Rosa centifolia CV.

芹葉百葉薔薇

這種薔薇是百葉薔薇類的一個栽培種，因其小葉畸變成芹葉狀，故稱之為「芹葉百葉薔薇」（Celery-leaved variety of cabbage rose）。在《中國植物誌》薔薇屬條目裡，它被譯為「茴芹葉薔薇」，拉丁名為*Rosa spinosissima*。

說到茴芹葉植物，就避不開茴芹屬（*Pimpinella* L.），它隸屬於繖形科，其植物葉片的主要特徵，有單葉，有復葉，也有三出式分裂或一至二回羽狀分裂。雷杜德所描繪的芹葉百葉薔薇，顯然是把該薔薇小葉的多裂成簇這一形態分類學特徵，當成了茴芹屬植物在羽狀分裂上的相似性。

其實，真正的茴芹葉薔薇其小葉並無分裂，且薔薇果變異較大，變種也多。據文獻記載，鄧迪附近的茴芹葉薔薇種質實際成熟時呈黑色，其果型和顏色，與中國北方常見的黃刺玫相類。茴芹葉薔薇在英國尤為多見，在蘇格蘭第四大城市鄧迪附近有一個英國國有茴芹葉薔薇品種種質庫，收集保存了從1790年到1830年人們選育出的茴芹葉薔薇種類，其中變種就有44個。一種原生種竟然擁有如此多的變種，說明其基因型非常不穩定，雜交親和性往往也較強。因此，一旦遇到百葉薔薇，人工與自然雜交的概率就非常大，其雜交後代出現葉片如此另類的芹葉百葉薔薇，也就不足為怪了。

需要說明的是，茴芹葉薔薇原先的名字叫*Rosa pimpinellifolia*，這個種加詞直接來自茴芹屬，也表明了它們之間的關聯。

Rosa Centifolia Bipinnata
Rosier à feuilles de Céleri
P.J. Redouté pinx.
Imprimerie de Remond
Langlois sculp

38

Rosa sempervirens 常綠薔薇

我們現在所知的、第一位留下與薔薇有關的詩句的作者，是生於公元前620年的希臘女詩人莎孚。她在送給一位即將離別的朋友的詩中寫道：「……我們擁有過的所有可愛而美麗的時光/ 所有用紫羅蘭和薔薇編織的花環……」

有薔薇屬植物專家認為，莎孚詩中所提及的薔薇花環，應是由當時廣泛分佈於地中海地區的常綠薔薇編織而成的。常綠薔薇枝條較為柔韌，且皮刺稀少，富有光澤的小葉映襯著潔白的花朵，有種清新脫俗的氣質。

常綠薔薇（Evergreen Rose）屬合柱組，栽培歷史悠久，數朵簇擁而成的花序，散發著淡淡的香氣。它名中雖有「常綠」二字，但其實相當不耐寒。不同地區的常綠薔薇形態也存在明顯差異，這是因為常綠薔薇屬於易雜交類型，很容易與分佈範圍內的其他薔薇屬植物雜合。

也有專家提出，常綠薔薇的習性會隨著立地不同而有所變化。比如，「在某些島嶼，它長得十分低矮；而在開闊的大陸，則會長成大型灌木，甚至攀爬在其他植物之上延伸至5公尺，長成攀緣植物」。

Rosa Semper-Virens globosa *Rosier grimpant à fruits globuleux*

P. J. Redouté pinx. *Imprimerie de Remond* *Chapuy sculp*

39

Variety of Fairy Rose

單瓣微型月季

雷杜德筆下的單瓣微型月季，葉片細小，托葉呈明顯的寶瓶狀，花枝瘦弱，花梗細長，萼筒長圓形，萼片稀分裂，五個花瓣呈五角星狀，花瓣基部尚有不太明顯的白色暈圈，加之數枚發黃的葉片，整個就是中國月月紅的微縮版，惟妙惟肖。

單瓣微型月季是中國微型月季（*Rosa chinensis var. minima*）的一個類型，也有人推斷其為「小仙女」的一個變種。我在國內外尋訪月季已久，但至今尚未發現單瓣微型月季。這其中，或許蘊藏著許多不為人知的偶然性和必然性。可能的原因之一，我認為是國人自古以來偏愛重瓣花卉，不斷追求花瓣數量趨多而使花型臻於完美的審美習慣，這也是中國古代園丁創造出重瓣大花月季的原生動力之一。

中國微型月季也被稱為「勞倫斯薔薇」，在引入歐洲後備受歡迎。它是現代微型月季的祖先。歐洲培育微型月季則始於20世紀初期。近年來，微型月季品種逐漸增多，並不斷推出微型盆栽月季大花重瓣系列，逐漸成為年宵花的寵兒。究其原因，有人認為是因為私家花園越來越小、越來越少，微型月季與微型地被月季正逢其所，地栽和盆栽兩便，扦插繁殖簡單易行，也更適合集約化工廠化生產。目前國內的年宵花中，微型盆栽月季所佔份額也越來越多。相較於切花月季，微型盆栽月季來得更加隨性，枝葉自然，花繁色純，觀賞時間更長，也更易於裝點家居。

Rosa Indica Pumila *(flore simplici)*

Petit Rosier du Bengale *(à fleurs simples)*

P. J. Redouté pinx. *Imprimerie de Remond* *Chapuy sculp*

40

Rosa × Francofurtuana

鼻甲薔薇

麗江石鼓鎮曾經的大花粉紅香水月季。

鼻甲薔薇，亦名法蘭克福薔薇，其花萼至萼筒末端逐漸收縮，向花梗延伸，呈鼻甲狀，此形態特徵非常明顯，極易識別。

關於鼻甲薔薇的故事撲朔迷離，有人說它可能是查爾斯·德·萊克呂斯於1583年在德國法蘭克福發現的；也有人說它是在德國薩克森州偶然發現的一個雜交種；還有一種說法，說它是由法國早期育種家聖克勞德於1815年培育而成的。著名薔薇屬植物專家芮德等人還將其命名為***Rosa*** *orbessanea* Red. et Thory。

據記載，鼻甲薔薇株型直立，株高約1米以下，分枝較多，枝有皮刺，小葉5~9枚；花淺粉，有粉暈，花徑5~6公分，半重瓣至重瓣，單朵或數朵著生，微香，萼片葉狀，不分裂。據稱，在濕度較高的天氣，其花易開成球狀，與中國古老月季玉玲瓏相類。

我尋訪歐洲月季名園不在少數，可惜均未見其踪影。多方搜其圖像，亦未見其有二。據此推測，鼻甲薔薇恐已絕跡。歐洲如此，中國亦然。許多古老薔薇和古老月季，

Rosa Orbeſsanea
Rosier d'Orbeſsan
P.J. Redouté pinx.
Imprimerie de Remond
Lemaire sculp

都曾與我們的先輩結伴而行，但現大多已消失在歷史的無盡長河之中。物競天擇，適者生存，這是物種生存與進化的自然演化規律。但是，現今社會對人與自然和諧共生這條自然法則的漠視，加劇了古老月季的消亡。我從事薔薇屬物種資源野外調查工作始於1983年，近30年來目睹了中國不少珍稀薔薇及古老月季種質資源從隨處可見到瀕臨消失的過程。以大花粉紅香水月季（*Rosa odorata* var. *erubescens*）為例，此花株型高大，花大葉茂，香味濃郁，適應性極強，我一直將其視作麗江古鎮山水風情的一張名片，但現在其老樹已極為罕見，就連大苗也難得一見了。

尤其是在麗江的石鼓鎮，遙想當年，正是那株被當地人叫作「鶯歌花」的大花香水月季引起了我的好奇。它那攀爬近20公尺高的葳蕤藤蔓，還有那花徑超過10公分的碩大花朵，以及那鮮豔如絹的粉紅色，開啟了我畢生與中國月季為伍的科研生涯。然而，當我前年再訪石鼓鎮時，紅軍飛渡長江第一大拐彎的巨型雕塑尤在，江里的細鱗魚尚鮮，但村頭那棵大樹，以及纏繞大樹而生的大花粉紅香水月季，卻早已成了昨日的傳奇，令人不勝動容。

41 ~ 59

THE BIBLE OF ROSES

Interpretation

41

Rosa chinensis var. *longifolia*

窄葉藤本月月粉。（此圖攝於常州紫荊公園月季園，為本人早先設計並營造的中國古老月季大型景觀組景之一。）

柳葉月季（China Rose‘Longifolia’），花半重瓣，花瓣細長，常見少數幾個短小的內瓣圍在花蕊周圍。小葉窄而長，猶如柳葉，故謂之「柳葉月季」。

中國古代月月紅、月月粉名種中，窄葉品種亦不在少數，如本人發現並命名的窄葉藤本月月粉（Narrow-leaved Old Blush）就是其中之佼佼者。它流散於雲南昆明周邊，一季開花，因與月月粉相近，但小葉狹長，故命名為「窄葉藤本月月粉」。其株型為大型藤本，重瓣淺粉，花徑可達10公分，生長較快，適應能力很強，乃庭院廊道之理想攀緣藤本月季。花開之時，繁花似錦，燦若云霞。

中國月季可謂因庭院而生，古代園林的興起，開闢了觀賞植物人工定向選育的路徑，加之園丁的職業化，使得栽培技術得到了空前提高。月季庭院栽培歷史非常悠久，自古以來，無月季而不成嘉園。北宋著名政治家、文學家司馬光退隱洛陽後所修建的私家園林——獨樂園，園子雖不大，但荼　架卻不能少。明末清初著名文學家李漁更喜薔薇、玫瑰和月季，他在《閒情偶寄》中稱薔薇乃結屏花卉之首；而月季則為『綴屏之花，此為第一。所苦者樹不能

Rosa Longifolia *Rosier à feuilles de Pêcher*

P.J. Redouté pinx. *Imprimerie de Remond* *Charlin sculp*

高，故此花一名「瘦客」』。

藤本月季為造園必備之物，也是造景最為理想的多維景觀植物。特別是在設計較大的空間時，大型藤本月季可謂雅園的靈魂之一。其庭院應用與景觀營造，常州紫荊公園月季園應是繼深圳人民公園之後一個不可多得的例證。每當花開之日，必為賞者接踵流連之時，就連北京、上海的外地訪客也絡繹不絕。國外慕名來訪者，亦不在少數。

深圳人民公園為中國第一個世界月季名園。作為由世界各國月季協會組成的國際性非營利組織，世界月季聯合會(World Federation of Rose Societies，WFRS) 於1995年開始評選世界月季名園，此評選活動每3年舉辦一次。目前，世界上規模最大的月季名園為德國桑格豪森月季園，佔地面積約125000平方公尺，擁有6300多個品種，亦是薔薇屬植物種質資源保存庫之一，側重收集栽植月季品種，研究價值頗高。

常州紫荊公園月季園的獨到之處，在於其中國月季演化長廊。世界月季聯合會前主席、南非資深月季專家西娜，曾在申報世界月季名園專家現場查定時不無動情地說：「世界上優秀的月季園並不少見，但像常州這樣用中國特有的古老藤本月季名種做成場景，來編織與詮釋月季演化的故事，形象而真切，這在國際上是絕無僅有的。」

42

Rosa chinensis 'Multipetala'

猩紅月月紅

月月紅還有一個別名——「斷續花」，命名者為明末清初的文學家、戲劇家李漁。無論是歸隱故鄉如皋所建的伊園，還是後來遷居杭州的武林小築，或是南京的芥子園，他都喜歡在庭院中種植薔薇、月季，並頗有獨到見解。「人無千日好，花難四季紅。四季能紅者，現有此花，是欲矯俗言之失也。花能矯俗言之失，何人情反聽其驗乎？綴屏之花，此為第一。」這是他在《閒情偶寄》一書中，對月月紅發出的感嘆。

歐洲人眼中的月月紅，其實就是我們俗稱的「月月粉」。早期的書籍大多將*Rosa chinensis semperflorens*（紫花月季）和Slater's Crimson China（斯氏猩紅月季）翻譯為「月月紅」。我研究其標本和西方早期的植物繪畫，方知其與月月紅還是有不小的差別。

至於月月粉與月月紅的關係，說起來確實有些複雜。這兩者雖同屬四季開花的中國古老月季，但其起源有所不同。月月粉，其典型形態特徵是花瓣表面有褶皺紋，但又不像成都隨處可見的木芙蓉那樣，花瓣上有明顯凸起的紋路，倒有點像是和田玉石上常見的水線紋。我根據月月紅和月月粉可考據之形態特徵，將其分為「月月粉類」和「月月紅類」兩個類群。月月粉類裡還有許多名種，如我發現並命名的微型月月粉、藤本月月粉、窄葉藤本月月粉等；而月月紅類的品種更多一些，我至今已在各國發現並命名的月月紅類品種已有20餘種，如大葉月月紅、小葉月月紅、大葉藤本月月紅等，均為上上品。

真正的月月紅進入西方庭院，似乎還只是不久以前的事情。前國際月季聯合會主席海格女士，因職務之便，加之對中國古老月季的偏愛，無數次行走於歐洲庭院，她對月月粉的理解更是具象而深刻。但是有一次她來南京尋訪月季時，居然被我種在南京林業大學小苗圃的月月紅驚艷到了。儘管南京與她種滿橄欖樹的老家相隔萬水千山，但她還是堅持讓我挖了幾株，心滿意足地帶了回去。由此可見，月月紅對於現在的歐洲人而言有多麼新奇。

雷杜德筆下的此種月月紅，雖然根據拉丁名被命名為「多瓣月月紅」，實際上其尚屬中型花類，但因其花瓣深紅色，故在此譯為「猩紅月月紅」。其起源不甚明了，我推測為月月紅類之變種，多半為其實生苗之後代。

Rosa chinensis 'Multipetala' / 猩紅月月紅 /

43

Rosa carina var. *lutetiana*

針葉狗薔薇

德國希爾德斯海姆的天主教堂裡有一株「千年狗薔薇」，至今已有700多年的歷史，被認為是有記載以來世界上現存最古老的薔薇。它曾在1945年毀於反法西斯同盟軍的轟炸，得益於當地居民的悉心照料，兩個半月後，又倔強地從瓦礫堆中抽出了新梢，茁壯至今。

雷杜德所繪針葉狗薔薇，與單瓣微型月季有異曲同工之妙，是薔薇屬植物中極為珍稀的種質資源，也是培育現代微型月季可利用的親本材料。

就其形態特徵而言，針葉狗薔薇可謂小一號的狗薔薇，為狗薔薇的一個變種，株型半藤本，葉片細小，花瓣初開時略帶粉色，盛開時則為白色，是小庭院綠籬、樹籬等可造之物。

雖然20世紀初，玫瑰在主流藥物學中基本已無足輕重，但據記載，二戰期間歐洲人為了保證兒童能夠攝取足夠多的維生素C，會用薔薇果來製作薔薇果糖漿。20世紀40年代，德國桑格豪森月季園曾進行過一系列有關薔薇果維生素C含量的實驗，長期不受待見的狗薔薇，卻因其果實富含大量維生素C而受到重視。

因果實而備受青睞的薔薇屬植物，還有中國的西北薔薇（*Rose davidii*）。它的薔薇果顏色非常鮮豔，沿長長的果柄向下垂吊著。西北薔薇是法國傳教士佩爾·阿曼德·大衛於1869年發現的。他當時正在北京傳教，後參加了一場去四川和西藏搜尋新奇植物的探險，這種薔薇便是在探險途中發現的。

玫瑰的薔薇果，其形狀似小番茄，據說是維生素C含量最豐富的果實之一。日本人還習慣將薔薇果比作茄子或梨子，這也是日本玫瑰別名「濱梨」「濱茄」的由來。

以我個人多年的經驗來說，若偶遇風寒小恙，維生素含量高於蘋果數百倍的薔薇乾果，實為舒緩之良飲。用開水泡上一杯，溫熱而下，通鼻塞，出個汗，有利於自然恢復。

Rosa aciphylla
Rosier cuspidé
P. J. Redouté pinx.
Imprimerie de Rémond
Chapuy sculp

44

Rosa banksiae 'Alba Pleana'

無刺重瓣紫心白木香

無刺重瓣紫心白木香，花瓣純白，花萼帶有紅暈，花開之時，滿園幽香。

名園必備之名物。自唐代以來，木香一直是中國傳統庭院裡的藤本名花。蘇州拙政園內的一白一黃兩株木香，樹齡均為100多年。黃者為無刺重瓣青心黃木香，白者則為無刺重瓣紫心白木香，位於西園倒影樓東院，枝葉披離，花序為傘骨狀，花開之時勝似晴雪，香郁數里，引人入勝。

作為月季、玫瑰和薔薇中極為優雅的藤蔓植物，木香原產於中國，在四川、雲南等地的山區均有自然分布，以皮刺呈鉤狀的單瓣紫心白花木香最為多見。我經過長期調查與種質收集，發現木香的野生種類遠超前人所載。野生類型中既有有刺的，也有無刺的；既有單瓣的，也有重瓣的；既有青心的，也有淡黃的。僅在四川和雲南兩省，所發現的薔薇亞屬木香類種與變種就達20餘種，均可通過形態特徵加以區分。

木香小枝柔長，葉似竹葉，皮刺稀疏，春風吹盪，宛如垂柳，是最適合中國庭院的一種藤本植物，頗得文人喜愛。有趣的是，作為傳統庭院觀賞藤本植物的白木香，並非直接引自其野生種，而是經人工選育而成

Rosa Banksiae
Rosier de Lady Banks
P.J. Redouté pinx.
Imprimerie de Remond
Chapuy sculp

荼蘼，一架幽芳，露葉檀心，香郁清絕，乃宋代文化符號之一。

的無刺重瓣白木香。1000多年前，居於成都的五代著名畫家黃居寀就曾為它神筆丹青，可見那時成都已有園藝品種栽培。至宋代花卉漸成產業時，杭州市面上售賣的鮮切花中，除了牡丹、芍藥等，已有木香的踪影，其中尤以檀心花（雌蕊為紫色的花）為貴，一花胜千金。

無刺重瓣紫心白木香是目前國內外栽種最廣的一種木香，它花瓣純白，花萼帶有紅暈，花開之時，滿園幽香。據記載，1807年在英國邱園工作的威廉·考爾以*Rosa banksiae alba*之名，將它從廣州引入英國。

世界上現存最大的一株木香是美國亞利桑那州的「旅館木香」，它是由一位礦工的妻子從英格蘭採其母株枝條帶到美國的，至今已有130多歲。它樹高近3公尺，樹冠直徑達12公尺，覆蓋面積80餘平方公尺，需以68根鋼管做成的長方形支架作為支撐。每到春天，數百萬計的白色花朵怒放枝頭，非常壯觀，是當地一處非常知名的景點。

宋代為中國月季的巔峰時期。宋人崇尚自然清雅之美，唯月季至上。宋時月季名種之多遠過百餘，其中最為宋人痴迷的便是荼蘼。荼蘼在宋代為民間禁花，普通百姓不可種植。它花朵碩大，常常獨朵而開，猶如一個潔白的雪球，一品三葉，獨占清絕。在宋代張翊所著《花經》中，荼蘼與蘭、梅、牡丹並列位居榜首，可謂中國古代藤本月季之精華。所以，每到荼蘼盛開時，賞荼蘼花、飲荼蘼酒、吃荼蘼宴就成為當時的風尚。所以，荼蘼又有「宋代文化符號」之稱。

令人激動的是，經過長期追踪，本團隊最終通過基因序列測定與分析的方法，鎖定了荼蘼1000年前的親本，確認其父本為金櫻子，重瓣紫心白木香為母本，經遠緣雜交而成，一舉解開了關於它出身的千古之謎。

45

Rosa centifolia CV.

百葉薔薇品種

1533年，來自佛羅倫薩美第奇家族的凱瑟琳．德．美第奇和法國國王亨利二世舉行了盛大婚禮。她的到來，不僅在法國上流社會掀起了香水的時尚熱潮，而且也改變了一個小鎮格拉斯的命運。17世紀，這裡的香水產業開始蓬勃發展。到了巴洛克時期，全歐洲的貴族都知道，購買最好的香水要到法國格拉斯，這個因香水工藝和香水貿易而聞名的法國城鎮，至今仍享有「世界香水之都」的美名。

格拉斯位於普羅旺斯地區，最初以皮革業和手套加工而聞名。因為皮革氣味難以消散，格拉斯的皮匠便開始學習東方香料除臭的方法，那時他們往往要從佛羅倫薩購買香料。跟隨凱瑟琳一起來到法國的調香師在為其調製香水的過程中，發現格拉斯有著得天獨厚的地理環境和氣候條件，非常適合種植花卉，此後格拉斯便開始大規模精心培育品種繁複的花卉，用以提取香精。到18世紀，格拉斯已成為世界上規模最大的香料植物種植及天然精油提取中心。

百葉薔薇，就其形態特徵而言，因為相近者較多，往往很難確定到底是哪一種。但是它們的香味清澈而甜美，帶有淡淡的蜂蜜氣息，一直是格拉斯傳統手工調香的重要原料。每年花開時節，全世界的調香師都會從各地蜂擁而至。

現在，儘管格拉斯的香水公司在全球如印度、摩洛哥、埃及等地擁有或經營著成千上萬頃的花田，但是當地所種植的百葉薔薇一直是香奈兒、迪奧和嬌蘭等法國著名時尚品牌製作香水的重要原料。香奈兒在格拉斯擁有自己專屬的香奈兒5號香水花田，距今已有30多年的歷史。

雷杜德所繪的這種百葉薔薇頗有些特點：首先，其皮刺和毛刺共存，與中國野生原種玫瑰相似，但其毛刺尖銳，木質化程度較高，遠離了毛刺軟而有刺感的特徵；其次，托葉大部分與葉柄合生，分離部分兩側規則，但密被腺毛。腺毛與刺毛不同，刺毛即毛狀刺，而腺毛是由腺體分化而來，其先端往往有腺點，手指觸碰時有黏稠之感。苔薔薇之腺毛，還具有濃烈的香氣，用手觸之，則手留餘香；再次，花梗細長，花梗、萼筒、萼片上均被腺毛；最後，萼片先端延伸成小葉狀，且有羽毛狀裂片。由此可知，僅從其形態特徵而言，這種百葉薔薇的確相貌不凡，堪稱名種。

Rosa centifolia foliacea *Rosier à cent feuilles foliacé*

P. J. Redouté pinx. Imprimerie de Rémond Langlois sculp

46

Rosa blanda

條紋無刺薔薇

紫眼滇邊薔薇，發現於雲南迪慶白馬雪山周邊，其花瓣基部如同紫色眼圈，與條紋無刺薔薇有異曲同工之妙。

布蘭達薔薇的名稱源於拉丁文blandus，意為討人喜愛的美麗花朵。此種條紋無刺薔薇，為布蘭達薔薇的變種或類型。作為一種草原薔薇，條紋無刺薔薇原產於北美洲，如加拿大的魁北克省、安大略省，以及美國的堪薩斯、密蘇里和俄亥俄等州均有分佈。

條紋無刺薔薇多生長在山坡、路邊、沙質或岩石等處的干燥土壤中。因其枝乾皮薄而光滑，且近乎無刺，亦可謂之「光皮薔薇」，英文俗稱為Smooth Rose。

此變種花朵單瓣，大多單朵著生，花瓣粉色，近基部為白色，五瓣圍合在一起，與中國新疆的單葉黃薔薇花心之「紅眼」，以及滇邊薔薇（*Rosa forrestiana*）變種之「紫眼」，有異曲同工之妙。若你想育出花心白色之妙品，則此為雜交育種必備之親本。此外，粉色花瓣上有不規則的棕色條紋，時隱時現，時斷時續，甚為奇特，觀賞性極高。至於果實，則呈細珠狀，著生在細長而光滑的花梗上，與小葉粗而深的鋸齒形成鮮明對比。

Rosa Alpina flore variegato *Rosier des Alpes à fleurs panachées*

P.J. Redouté pinx. *Imprimerie de Remond* *Chapuy sculp*

47

Rosa agrestis var. *sepium*

草地薔薇變種

此種草地薔薇主蔓明顯，每個節間均有花枝，屬小型藤本，應為草地薔薇的一個變種，定名於1798年前後。

草地薔薇（Grassland Rose）廣泛分佈於歐洲西南部和大不列顛島部分地區，以及突尼斯至摩洛哥的北非地區。它株高可達3公尺，株型開張，分枝較多，為株型雜亂的多刺薔薇，所以它的名字又有「粗野」之意。

它的花瓣為白色至淺粉色，花徑很小，多數單朵著生，一季開花；葉片較小，淺綠色，半光澤，有香味。因其植株健壯，且薔薇果在秋冬季有不錯的裝飾性，故而多用於庭院栽培。

草地薔薇適合在空曠無垠的草地上生長，當有一種天蒼蒼、野茫茫、風吹草低見薔薇的地老天荒之境，猶如新疆喀納斯湖周邊山區草甸上的密刺薔薇，嬌小的枝幹與花葉，與草甸上的植被融為一體，互為其景。

Rosa sepium rosea *Rosier des hayes à fleurs roses*

P. J. Redouté pinx. *Imprimerie de Remond* *Lemaire sculp*

48

Rosa gallica var. *pumila*

法國櫻草薔薇

目前，法國薔薇尚存約300個古老品種或類型，它的全盛時期是18世紀。據記載，當時法國薔薇因多被用作栽培與育種材料，故而數量激增，據稱約有上千個品種，毫無疑問，它們在當時的歐洲花園里大放異彩。

法國薔薇非常適合庭院栽培，且雜交親和性很強。荷蘭作為17世紀的觀賞植物栽培中心，當地的栽培者針對法國薔薇這一特點，利用它進行了許多育種實驗。但真正讓其品種呈爆炸式增長的，是「比其他任何國家的人都更有好奇心」的法國人。法國苗圃主作為花卉栽培者，其與生俱來的競爭天性為這樣的發展提供了動力。他們學習並推廣薔薇屬植物的栽培和培育技術，最終使得法國成為18世紀的月季栽培中心。

命名於1789年的法國櫻草薔薇（Creeping French Rose），是法國薔薇的變種之一。作為矮生變種，它株高只有30公分左右。花粉色，有紫粉暈，背面色彩較為明亮。花徑約5公分，芳香度中等，多數單朵著生。皮刺彎曲，株型開張，根部萌蘗較多，葉片暗綠色，一季開花。

Rosa Pumila
Rosier d'Amour
P. J. Redouté pinx.
Imprimerie de Remond
Bessin sculp

49

Rosa centifolia CV.

粗齒百葉薔薇

粗齒百葉薔薇（Variety of Cabbage Rose）是眾多百葉薔薇裡的一個栽培品種，因其小葉鋸齒粗大，故而名之。此外，其種葉脈深陷，枝幹既有小皮刺，又有小毛刺，花梗密被腺毛。此種百葉薔薇，就其形態特徵而言，與之相近者眾多，實難確定到底是哪一種。

在歷史上，百葉薔薇有一個非常形象的別名叫作「畫家薔薇」，這是因為它常常成為畫家所描繪的對象。它是17世紀荷蘭和比利時花卉繪畫大師創作時首選的重瓣栽培薔薇，也是英國人物畫家所繪肖像畫中常見之物，多將其作為女性高貴與美麗的象徵。

現在，當你走進歐洲各地大大小小的博物館時，如果稍微留意一下那裡的藏品，特別是17世紀的靜物油畫，很容易在其中發現百葉薔薇的綽約風姿。尤其是荷蘭人和比利時人長期以來形成的對花卉的熱愛以及對描繪客觀世界的執著，令他們對百葉薔薇情有獨鍾，常常將其插入花瓶，用畫筆將其塑造成美麗的永恆。即便到了今天，那纖毫畢現的花葉，依然鮮活動人。

英國國家美術館所藏的荷蘭繪畫巨匠鮑魯斯．西奧多．範．布魯希爾（Paulus Theodorus van Brussel）的這幅花卉靜物油畫，畫於1789年。畫面中的百葉薔薇，伴隨著怒放的芍藥，其寫實之精準，色調之真實，花朵的立體感，遠非當今高清數碼相機所能及，用纖毫畢現、栩栩如生來形容，也並不為過。

荷蘭繪畫巨匠鮑魯斯．西奧多．範．布魯希爾筆下的百葉薔薇。

Rosa Centifolia crenata
Rosier Centfeuilles à folioles crenélées
P.J. Redouté pinx.
Imprimerie de Remond
Chapuy sculp

50

Rosa multiflora var. Seven Sisters

七姊妹

流散在日本的中国古代名种“七姊妹”（日本大阪寺月季园）。

「七姊妹」（Pink Double Multiflora）至少在1000年前就已經出現了，是中國多花薔薇（*Rosa multiflora*）的一個古代栽培品種。它花香較為濃烈，常有5~16朵花，花瓣從深粉至粉紅，漸成淺粉，甚至奶白色，屬於粉團薔薇類。依據古代文獻記述，粉團薔薇中，一蓓七蕾者為「七姊妹」；而一蓓十蕾者，則為「十姊妹」。一蓓即一個花序，其上的花蕾數量決定了花的名稱。

明末清初雅玩大家李漁極喜此花，他認為「七姊妹」和「十姊妹」應統稱為「姊妹花」，故而喜歡將其種在一起，名曰「十七姊妹」。但如果你的小院也要這麼種，那就得當心了，因為李漁曾在《閒情偶寄》中不無苦惱地感嘆道：「其蔓太甚，溢出屏外，雖日刈月除，其勢有不可遏。」

據英國薔薇栽培專家彼得·哈克尼斯（Peter Harkness）的著作《薔薇秘事》中記載，中國的「十姊妹」是由一位在東京擔任工程學教授的英國人在日本發現的。他於1878年將此玫瑰寄給一位蘇格蘭的朋友，後者又將其傳給了一位林肯郡的種苗商，以「工程師薔薇」之名進行

Rosa multiflora var. Seven Sisters / 七姊妹 /

展覽，並獲得了英國皇家園藝學會頒發的優勝獎。後來，它以「特納深紅蔓性月季」作為商品名被出售，據說維多利亞女王還曾專程前往苗圃一睹其芳容。

不同地區的「七姊妹」在形態特徵上也有所不同。我在日本尋訪流傳至日本的中國古老月季時，在大阪郊外的濱寺月季園裡發現了一種「七姊妹」，與國內多見的「七姊妹」也不盡相同。這說明，多花薔薇在中國的栽培歷史極為久遠，從單瓣演化成重瓣，再從重瓣中嬗變出數個粉團薔薇品種或類型，導致其葉形、花色、花型、花朵大小、香味等均有所區別。

「七姊妹」的花期似乎也是經過精心挑選的。每年4月下旬至5月上旬，雖一季開花，但花發成簇，粉團成牆，或綠籬，或綴屏，累壞蜂蝶無數。中國南北氣候差異較大，花無定時，但此花信大致遲於月月紅和木香類，而略早於現代月季。在江南，「七姊妹」花開於小麥成熟之時，所以古時吳地又稱其為「小麥紅」。

51

Rosa multiflora var. *cathayensis*

粉團薔薇

重瓣粉團薔薇。粉團薔薇類均為野生多花薔薇的變種，氣味香甜。

小橋流水人家，一株粉團薔薇過牆來，花開錦簇，空氣中頓時蕩漾著香甜的氣味。每當此時，身穿一身青花蠟染粗布衣服的江南女子，總好摘幾朵花插於髮髻之間。這就是我記憶中的江南春景。

粉團薔薇類均為野生多花薔薇的變種，氣味香甜。多花薔薇在中國分佈極廣，遍布二十多個省市。加之栽培歷史非常悠久，故變種或類型尤多。

粉團原是古時的一種糕點，用糯米製成，外裹芝麻，好似現今的麻團。這可能是粉團薔薇名字的由來。經過我多年的實地調查發現，粉團薔薇既有單瓣，又有重瓣；既有有刺，又有無刺；既有粉色，又有紫紅色；既有無香，又有濃香；既有小花，又有大花。究其變種或其類型，多達幾十種，位居中國野生薔薇類易變與多變之首。因此我將其歸為粉團薔薇類，以示與其他薔薇類之區別。

粉團薔薇類中以粉團薔薇、白玉堂、五色粉團、紫紅粉團等名氣最大，分佈最廣。它們都是多花薔薇

無刺重瓣粉團薔薇（*Rosa multiflora cathayensis*' Thornless'）。

在長期人工栽培條件下產生變異後，再經人工選擇與重複繁殖所形成的性狀穩定的園藝栽培品種，其中白玉堂花為白色，又名「白花粉團」，因常植於堂前而得名。此花抗寒性較強，寓意吉祥，北方地區尤為多見；五色粉團則失傳已久，只散見於中國與日本的古籍之中。據日本明治十七年（1884年）繪成的《兩羽博物誌》彩色圖譜記載，五色粉團有紫、紅、白三色，而紅又分為深紅和淡紅。我所見粉團薔薇無數，南京也有粉團花序中偶見白花者，但同一花序上能集滿五色者，實屬罕見，尤感中國古代園丁匠心之高妙。

大花粉團薔薇（*Rosa multiflora cathayensis*' Big Bloom'）。

中國有關粉團薔薇最早的文獻記錄始現於唐代。而粉團薔薇的標本，則由萊德（A.Rehder）和威爾遜（E. H. Wilson）於1907年命名，但雷杜德這幅粉團薔薇繪於1820年，很顯然，早在定名之前，粉團薔薇就已經在歐洲生根開花了。

Rosa Multiflora platyphylla
Rosier Multiflore à grandes feuilles
P. J. Redouté pinx.
Imprimerie de Remond
Langlois sculp

52

Rosa carolina 'Plena'

重瓣卡羅來納薔薇

雷杜德將重瓣卡羅來納薔薇（Double Pasture Rose）描繪得惟妙惟肖。首先是皮刺直立如釘子，且多成對分佈於托葉處；其次是花型，花雖小而花瓣寬長，花型優雅，與中國的月月粉相類；再就是葉片，葉面光滑，而葉背具柔毛，葉色呈暗綠色。

這種薔薇為卡羅來納薔薇的重瓣栽培品種。花瓣易從粉色變至白色，花徑很小，但瓣數較多，花蕾頎長，頗有豪華美感。特別是其花蕾密被腺毛，辨識度頗高，觀賞價值也極高。

作為一種生命力極為頑強的薔薇，卡羅來納薔薇現在幾乎在美國各州、加拿大多地都可以見到。從樹林到灌木叢，從草原到沼澤，都有它的身影。它的抗旱能力非常強，並能在偶然突發的野火中迅速恢復。通常花只開一天，一個群體的開花期會超過幾個星期，其花朵帶有一種令人愉快的玫瑰香氣。

Rosa parvi-flora
Rosier à petites fleurs
P. J. Redouté pinx.
Imprimerie de Remond
Langlois sculp

53

Rosa rubiginosa 'Semi-plena'

重瓣繡紅薔薇

在19世紀法國著名女作家喬治・桑看來，熱愛植物並不是一種微不足道的消遣，而是對天地萬物的深入理解，是另一種觀察自然的方法——在植物奇妙的構造中尋找意義，而不僅僅是凝視或欣賞。在繼承祖母的諾昂莊園後，她搬離巴黎市區長居諾昂，直到去世。在諾昂的日子也是肖邦人生中最為美好的時光，他和喬治・桑在這里共同生活了七年，儘管他抱怨自己並不適合鄉村生活，但是他的大部分重要作品都是在諾昂完成的。

喬治・桑尤為熱愛玫瑰。在諾昂，她親自照料自己的玫瑰園。她在作品《在庭院裡》列舉了數種令她記憶深刻的薔薇，其中就包括繡紅薔薇：『五月薔薇、麝香薔薇，還有繡紅薔薇，也被稱作「香葉薔薇」，它是最嬌豔的薔薇之一。』

重瓣繡紅薔薇是繡紅薔薇（*Rosa rubiginosa*）的變種。據英國植物學家約翰・杰拉德在《本草要義》中的記載，此變種始現於1597年前後。重瓣繡紅薔薇花色粉紅，帶淺紫色暈，花有15瓣，一季開花。

繡紅薔薇原產於歐洲大部分地區，它的英文名「Eglantine」源自一個古法語詞，原意是「針」，這裡指繡紅薔薇皮刺近乎直立，密被枝幹。它始現於1775年。1820年，林德利（Lindley）為其命名。

作為一種古老的野生薔薇，繡紅薔薇植株可達2公尺，花蕾頎長，花瓣有明

Rosa Rubiginosa flore semi-pleno
Rosier Rouillé à fleurs semi-doubles
P. J. Redouté pinx.
Imprimerie de Remond
Chapuy sculp

顯缺刻，淺粉色的花朵分外美麗。它最為知名的是其獨特的深綠色葉片，會散發出甜美的蘋果香氣，特別是在雨後或潮濕的環境中。這使得它深受歐洲園丁們的喜愛，是英國花園中常見的野生薔薇屬植物。

然甲之蜜糖，乙之砒霜，同一種植物，在不同的生長環境，境遇也有所不同。現在，繡紅薔薇是南澳大利亞州和南非明令禁止種植的有害雜草，在新西蘭則被列入受限制的雜草。

為什麼會這樣呢？這是因為作為鄉村花園中無法穿越的樹籬，繡紅薔薇的茂密多刺是不可多得的優點；但當它逃離花園，逸生為牧場上的雜草時，它旺盛的生命力就成了讓牧場管理者極為頭疼的一件事。它不僅會妨礙牧場動物進食，而且還會阻礙正常通行。不僅如此，現在還有研究表明，繡紅薔薇體內似乎具有某種化學物質，會抑制周圍其他植物的生長。

54

Rosa laevigata

金櫻子

花朵碩大、芳香濃烈的金櫻子，自古以來便是一味著名的中藥。

關於金櫻子，在美國有個美麗而哀傷的傳說。現今已被美國政府承認的三大印第安部落之一的切羅基族人當年被迫離棄家園，前往安置地俄克拉荷馬州。在16000多人的大遷徙中，傳說切羅基族的母親們因為悲痛欲絕，無法照顧她們的孩子，於是部落的長老們就向上天祈禱以安撫她們。第二天，母親們眼淚掉落之處，長出了一株株美麗的金櫻子，白色的花瓣代表母親們的悲傷，花朵中心的金色雄蕊，則代表她們被奪走的家園，而每個複葉上的七片小葉，就是切羅基印第安人的七個部落。這也是金櫻子在美國的名字——切羅基薔薇（Cherokee Rose）的由來。

然而，實際上金櫻子只有三片小葉，而非傳說中的七片。並且，它並非美國原生薔薇，而是來自中國。但早在1759年，美國南部的喬治亞州等地就已有金櫻子栽培了。1916年，它成為喬治亞州的州花。這樣的歷史，使得很多西方人都以為金櫻子原產於美國。

金櫻子因花型優美、長勢極強，而得以作為理想的庭院觀賞藤本植物風靡全球，它被歐洲人認為是所有野生薔薇屬植物中最美麗的一種。早在19世紀初期，它就出現在英國人約翰．里夫斯的《里夫斯收藏》一書中。約翰．里夫斯一生痴迷於植物的收集和保存。他加入東印度公司後，作為茶葉調查員，在中國生活了近20

年。其間，他通過各種渠道收集了中國和亞洲其他國家的眾多植物標本，並僱傭廣州當地畫家進行繪製，此書至今仍然被作為物種鑑定的重要依據，這其中就包括654幅中國珍稀植物繪畫。

1789年之前，金櫻子在歐洲的大名為*Rosa sinica*。因林奈（Carl Linnaeus）早期已將中國月季花（*Rosa chinensis*）定名為Rosa sinica（意即來自中國的月季），為了避免重名，後將其正式定名為*Rosa laevigata*。

金櫻子花開如瀑，花大而香，葉色光亮。自古以來，它都因枝條粗壯、皮刺發達、生長旺盛、抗病性極強而被用作圍牆綠籬。它們美而不嬌，即便在土壤貧瘠的丘陵地區，甚至是大片礫石之中，也能自成群落。

最早始現於日本橫濱的紅花金櫻子，我推測其為中國金櫻子的古老品種。

金櫻子的果實具有明顯的藥用價值，在中國宋代以前就已被用作藥用，故而時有栽培。半重瓣金櫻子等變種或栽培種，或許就是這樣形成的。然而採摘其滿是毛刺的果實，是一件不折不扣的艱難差事。宋代丘葵所作的《金櫻子》一詩，就道出了藥童之苦：「采采金櫻子，采之不盈筐。佻佻雙角童，相攜過前崗。采采金櫻子，芒刺鉤我衣。天寒衫袖薄，日暮將安歸。」至今，一入深秋，江西等地的藥農仍舊會一早上山，日暮方歸，傳承著千年前的辛苦勞作。

我曾在日本見過一種開紅花的金櫻子，即紅花金櫻子（*Rosa laevigata* 'Anémone Rose'），始現於1896年前後，據傳為德國的約翰·克里斯托夫·施密特（Johann Christoph Schmidt）所育。

Rosa Nivea
Rosier blanc de Neige
P.J. Redouté pinx.
Imprimerie de Remond
Langlois sculp

55

Rosa chinensis var. *semperflorens*

重瓣白花月季

重瓣白長春（Rosa chinensis 'Double White'）。

這種重瓣白花月季（Variety of Monthly Rose）起源不甚明了。「中國四大老種」之一的休氏粉暈香水月季被引入歐洲以後，既被用作雜交親本，也有直接採其種子播種，此類記載在當時的文獻中並不鮮見。而重瓣白花月季是否由休氏粉暈香水月季所育，則無從考證。

中國古代既有直立灌木型重瓣白花月季，如「春水綠波」等；也有藤本類型，如我在雲南昆明等地調查過程中發現的「白長春」。

「春水綠波」喜陰，是一個傳承有序的古代名種。據清中期文獻記載，「春水綠波即綠牡丹，色白，外瓣微散紅點，近心之瓣有綠暈」，因為現在均為露地所植，所以其花瓣綠波的顏色幾乎變成了白色。

「白長春」原為中國古代栽培品種，為中型藤本，葉形高雅，花徑8~10公分，花瓣數量較多，有著濃郁的甜香味，顯然源自當地自然分佈的野生種大花香水月季。它較耐霜寒，在昆明當地常用作綠籬。

我在日本也發現了一種名為「白長春」的古老月季，其花瓣、雄蕊和雌蕊的顏色均與中國的「白長春」相似，只是葉片較薄，花梗稍長，極有可能是同一個古代栽培品種。

Rosa Indica subalba
Rosier du Bengale à fleurs blanches
P. J. Redouté pinx.
Imprimerie de Remond
Lemaire sculp

56

Rosa × Noisettiana

諾伊賽特月季

1835年歐洲育出的可四季開花的諾伊賽特月季（加州大學伯克利植物園），葉片和花型與其親本月月粉頗為相似。

這種玫瑰據說是約瑟芬皇后最喜歡的玫瑰之一 。它的美麗和芳香，就像是對一段浪漫的愛情故事的獎勵。

主人公菲利普・諾伊賽特原是一位法國苗圃主的兒子。年輕的他在抵達北美洲西印度群島後不久，就愛上了一位當地奴隸女孩。他鋌而走險，帶著女孩逃到美國南卡羅來納州的查爾斯頓定居，並創建了自己的果樹和觀賞性灌木苗圃。

現在關於這個品種的母本「查普尼斯粉團」流傳著兩個版本的故事，一個是查爾斯頓當地一位富裕的農戶約翰・查普尼斯，在得到菲利普・諾伊賽特贈送的月月粉植株後，利用它的種子進行繁殖，最後培育出了「查普尼斯粉團」；另一個則是約翰・查普尼斯在自家後花園發現了它的自然雜交實生苗後，送給了諾伊賽特一枝扦插條。但無論是哪一個版本，都已證實「查普尼斯粉團」是麝香薔薇和月月粉的雜交品種。

在自己栽培成功後，菲利普・諾伊賽特發揮了作為一位苗圃主人對品種培育的敏感度，立刻給哥哥路易寄去了種子。路易在巴黎也擁有一座苗圃，他搶在其他育種人前面，培育並發表了新品系，並將其命名為「菲利普・諾伊賽特」。

因為諾伊賽特薔薇雜種的後代中，有一部分品種已經繼承了中國月季四季開花的特性，故亦可謂之「諾伊賽特月季」。在諾伊賽特月季系統中，有一種美麗又健壯的藤本月季「拉馬克」，它的培育者為一位名叫馬雷查爾的製鞋匠。根據記載，19世紀很多非常優秀的月季新品種，都是由工人階層培育出來的。

Rosa Noisettiana
Rosier de Philippe Noisette
P.J. Redouté pinx.
Imprimerie de Remond
Langlois sculp

57

Rosa corymbifera

雙花傘房薔薇

中甸刺玫的皮刺、紫色薔薇果以及果實上堅硬的刺毛。

此種傘房薔薇一般被認為是狗薔薇的一個類型，由德國人羅伯特・施密德（Robert Schmid）於1912年發現。從其拉丁學名來分析，種加詞後綴bifera為兩次開花之意，故將其命名為雙花傘房薔薇。

傘房薔薇是月季育種史上一個相對重要的物種，它可能是白薔薇的祖先之一，還被廣泛用作薔薇屬植物的芽接砧木。傘房薔薇與犬薔薇非常相似，二者只有葉片不同，傘房薔薇的葉片兩面都佈滿絨毛。該物種分佈廣泛，橫跨歐洲至黑海北部，以及突尼斯至摩洛哥的非洲海岸都有它的足跡。

傘房薔薇花白色至淺粉，香味中等，有匍匐枝，近乎無刺。小葉深綠色，半藤本，常用作砧木，亦可作為庭院景觀栽培。

有人將傘房薔薇譯作「荊棘薔薇」，大概是因為它的皮刺。的確，傘房薔薇的皮刺非常特別，特別之處就在於其皮刺先端彎曲得厲害，頗像收割莊稼用的彎鐮。不僅如此，這彎彎的皮刺還好疊堆，常常兩兩並列，著生於分枝或託葉的下方。

薔薇皮刺的變異性很大，如中甸刺玫（*Rosa praelucens*），其皮刺猶如成對的鐮刀，粗壯結實。但像傘房薔薇那樣的「雙排座」，可謂絕無僅有。

Rosa Dumetorum
Rosier des Buissons
P.J. Redouté pinx.
Imprimerie de Remond
Langlois sculp

58

Rosa pimpinellifolia var. *ciphiana*

複色茴芹葉薔薇

複色茴芹葉薔薇為茴芹葉薔薇的變種。其花瓣呈深紅色，先端近白色，有著猶如中國西部傳統蠟染般可愛的花色。加上中間一圈排列極為整齊的金黃色雄蕊，色彩對比極為明亮奪目。據此花瓣色彩漸變之態，猶如刺繡而成，或蠟染所作，其別稱「刺繡薔薇」或許更為貼切。

關於復色茴芹葉薔薇，現有文獻譯名眾多，如伯內特薔薇（Variegated flowering variety of Burnet Rose）、變色薔薇（Variegated Rose）、蘇格蘭野薔薇等。但有案可稽的是，此為法國育種家讓——皮埃爾·維貝爾於1818年所育，據稱其為刺薔薇的雜交種。

遇到此類品種的一大難題是如何描述其花色。據皮埃爾所言，它的花瓣基部呈深粉色，色暈向外擴展，漸變成淺粉色，最終於花瓣近緣處開始，粉暈則成為乳白色。據文字記載，其花瓣為4~8瓣，芳香中等，一季開花。

曾經有一段時間，茴芹葉薔薇備受冷落，而在此之前，它曾為園丁所鍾愛。人們將它種在花園裡，用它的葉子泡茶，它的果實則被用來調配丹麥的利口酒。近年來，隨著其花朵美若天仙、植株生長旺盛等優勢被重新發現，複色茴芹葉薔薇又開始變得越來越受歡迎。除了繪畫，我們在陶瓷用品和郵票上也常能見到它的身影。

Rosa pimpinellifolia var. *ciphiana* / 複色茴芹葉薔薇 /

59

Rosa rubiginosa var. *umbellata*

傘房繡紅薔薇

繡紅薔薇通常又被稱為「甜葉野薔薇」，乍看之下很容易與狗薔薇混淆。繡紅薔薇自然分佈於歐洲。奇妙的是，中國科學院成都生物科學研究所高信芬研究員居然在雲南瀾滄江河谷採集到了它的標本，推測為早期傳教士所為。

在19世紀月季品種繁育的鼎盛時期，由於人們對月季的需求日益增加，野生繡紅薔薇和狗薔薇的插條多用來作砧木繁殖月季。到第二次世界大戰時，它們的薔薇果又同時成為英國人補充維生素C的來源。當時英國政府發動全國人民採摘它們的果實泡水喝，以防因為食物的匱乏而導致體質下降。據說在回憶這一段歲月時，英國人經常會自嘲，說那個時候是依靠薔薇果和啤酒花生存的。現在，繡紅薔薇的薔薇果常被用作一些化妝品的提取原料。

其實，薔薇屬植物的薔薇果，其維生素C的含量普遍高於蘋果等園藝果樹的鮮果。英國人正是針對這一特性物盡其用，將狗薔薇等薔薇果的種子，加工成袋泡茶，外形有點像立頓紅茶，頗受追捧。

要說薔薇果裡的維生素C，中國特有野生薔薇繅絲花的含量更高。有鑑於此，如今貴州等地已將其作為山區脫貧致富的優選項目進行大面積栽培，其薔薇果多被加工成蜜餞、飲料和果酒，為鄉村綠色產業可持續發展開闢了新路。我曾吃過包裝成糖果樣的繅絲花果實蜜餞，還曾將其作為中國薔薇特產帶至

Rosa rubiginosa aculeatifsima
Rosier rouillé très épineux
P.J. Redouté pinx.
Imprimerie de Remond
Chapuy sculp

日本、法國、德國、美國、印度等國家，同行品嚐過後，都讚其風味別緻，並委婉道，若能把果皮外的那層密密的毛刺去得更徹底一些，果肉更軟韌一些，興許能成為除中國傳統藥用金櫻子之外的又一漢方特產。

至於傘房薔薇，中國還真有此物，其學名為*Rosa corymbulosa*，分佈於湖北、四川、陝西、甘肅等地，其生長環境多為灌叢、山坡、林下或河岸，多生長於海拔1600~2000公尺處。傘房薔薇的花序與木香相類。所謂傘房花序，就是數朵或多朵薔薇花，著生在幾乎等長的花梗上，每一個花梗頂端著生一朵花。就像雨傘的傘骨一樣，花梗長度相同，且匯集於同一個點，故而謂之「傘房」。

60 ~ 85

60

Rosa agrestis CV.

半重瓣草地薔薇

雷杜德所繪半重瓣草地薔薇（Semi-double variety of Grassland Rose），顯然是草地薔薇（*Rosa agrestis*）的變種。

如果真如有人所認為的那樣，其由種子播種而成，那就是栽培品種了，這也是古代野生薔薇在家養馴化的過程中常用之技術路線。當然，倘若認為其由花粉雜交而來，那就是薔薇雜交育種的範疇，自然傳粉雜交和人工授粉雜交均有可能發生。由此可見，半重瓣草地薔薇的身世尚不甚明朗。但可以肯定的是，半重瓣草地薔薇至少是一個園藝栽培種，因為從植物進化理論而言，單瓣野生薔薇在自然環境中是不可能出現重瓣化的。

此種半重瓣草地薔薇亦名小葉甜薔薇（Small-leaved sweet-briar）。花瓣粉色，先端淺粉色至朱紅色，花瓣背面基部呈淺淺的橘黃色，單朵或數朵著生，通常以其中一朵為大，花徑較小。株型開張，分支較多，皮刺基部稍大，先端稍稍彎曲，很有特點。小葉5~7枚，較小，邊緣十分銳利。托葉兩側有腺毛，葉面半光澤，似有清香，一季開花。

半重瓣草地薔薇整體非常耐看，因其株型較小、花朵半重瓣、小葉有芳香，尤得懷舊派園丁的青睞。你若有機會在歐洲的城市和鄉村花園走走看看，時不時就能邂逅此等尤物，屆時請一併帶上我的問候，替我聞一聞它的葉片到底有著怎樣一種幽香。

Rosa sepium flore submultiplui *Rosier des hayes à fleurs semi doubles*

P. J. Redouté pinx. Imprimerie de Remond Eug Jalbeaua sculp

61

Rosa palustris CV.

疑似半重瓣沼澤薔薇

沼澤薔薇是美洲進入庭院栽培最早的野生薔薇之一，最喜歡生長在低窪潮濕之處。倘若你要培育耐水濕的月季新品種，這個野生種和它的栽培品種，恐怕是你繞不開的選擇。

在加拿大新斯科細亞省、美國佛羅里達州的廣闊土地上，與沼澤薔薇相遇的概率非常大。一是因為在其開花的季節，你很容易被它那柔長的花枝和優雅的花朵所吸引，尤其是它的花蕾，細長而尖，淺粉的花色猶如蠟染一般別緻，顯得頗有品位；二是到了秋季，它那紡錘狀的紅亮的薔薇果，在長滿雜草的濕地顯示度非常高，格外引人注目；三是即便到了萬物凋零的冬天，哪怕周圍一片白雪皚皚，它那山麻杆一般紅紅的直立枝幹，搖曳在空曠的雪地上，紅果點點，如同一幅絕妙的水彩風景畫。

如圖所示，從其形態特徵來看，小葉狹長，花半重瓣，花梗細長，花蕾漸尖似中鋒毛筆，與其重瓣類型不同，也有別於野生原種沼澤薔薇，故應為沼澤薔薇類的栽培種。

Rosa Hudsoniana scandens
Rosier d'Hudson à tiges grimpantes
P.J. Redouté pinx.
Imprimerie de Remond
Villiard sculp

62

Rosa pendulina

垂枝薔薇

上圖 四川康定的華西薔薇。（蕊寒香攝）

下圖 墨爾本皇家植物園引自中國四川的華西薔薇，小葉呈深綠色，質地更為厚實，這顯然與當地的濕度和光照條件有關。

垂枝薔薇（Alpine Rose）亦即雪山薔薇。因其常見於瑞典山區，所以在歐洲又俗稱為「高山薔薇」。

垂枝薔薇拉丁學名中的「*Pendulina*」有垂掛之意，這是因為它的花梗細弱而柔長，以致花朵與果實均呈垂掛狀。英文單詞nodding描述的大概就是這種狀態。因其瓶子形狀的薔薇果從枝條上垂懸下來的樣子，垂枝薔薇又有「垂果薔薇」之別名。中國有關垂枝薔薇的引種實驗表明，其在南京、成都等地均可良好生長。

垂枝薔薇廣泛分佈於歐洲中南部的高山上，花瓣深紅色，常被認為是歐洲花色最深的薔薇。在世界薔薇屬植物中，花瓣最深紅者，為分佈於中國四川康定周邊的野生華西薔薇（*Rosa cymosa*）。令人稱奇的是，植於澳大利亞墨爾本皇家植物園的華西薔薇，其花色接近深紅色；而在美國波士頓阿諾德植物園，其花色則已近淺粉色。由此可見，花色的深淺，與其所處的緯度和海拔有極大的關係。

華西薔薇是由英國植物學家威爾遜發現的。1899年，威爾遜第一次踏上了中國的土地。此後，他曾先後四次深入四川、湖北等地採集植物標本和種子，其專著《中國——園林之母》記錄了他長期在中國西部從事植物收集活動的經歷。

Rosa Alpina vulgaris
Rosier des Alpes commun
P.J. Redouté pinx.
Imprimerie de Remond
Chapuy sculp

63

Rosa centifolia 'Anemonoides'

銀蓮花百葉薔薇

1814年，法國波旁王朝復辟。已與拿破崙被迫離婚的約瑟芬，因曾經幫助過波旁家族，所以被允許可以繼續生活在梅爾梅森城堡。銀蓮花百葉薔薇就始現於這一年前後，它的發現者為法國的波伊爾普雷（Poilpre）。

有學者認為，這種歐洲銀蓮花百葉薔薇是中國重瓣白木香和麝香薔薇的雜交種。其花色淺粉至深粉，瓣數較多，容易反捲，雌蕊呈青綠色。花萼被腺毛，萼片先端呈小葉狀。小灌木，一季開花。

關於銀蓮花百葉薔薇的中文譯法，也有人將其翻譯為「海葵薔薇」，依據之一是其花型狀如海葵。其實，此類薔薇花型源自銀蓮花，主要特徵為花的外瓣寬而長，內瓣細而短，一眼便知。

中國薔薇屬植物中，也有一種銀蓮花薔薇（*Rosa anemoniflora*）的重瓣類型，源於中國野生原種單瓣銀粉薔薇，主要產自福建和廣東。其花瓣極多，而外瓣較少，初開之時，外瓣多反捲，內瓣帶有淺淺的粉暈。作為花型奇特、觀賞性極強的薔薇品種，它在兩百年前就已被廣泛栽培。

據記載，英國植物獵人福瓊於1844年在上海發現了單瓣銀蓮花薔薇，並將其帶回英國。

Rosa centifolia 'Anemonoides' / 銀蓮花百葉薔薇 /

64

Rosa palustris CV.

半重瓣小花沼澤薔薇

半重瓣小花沼澤薔薇（Semi-double Variety of Marsh Rose）是沼澤薔薇的栽培品種，其形態特徵亦與沼澤薔薇非常相近。

仔細觀察雷杜德所繪之畫面，此種薔薇還是有一些容易被忽略的、明顯有別於沼澤薔薇的形態特徵。比如，半重瓣小花沼澤薔薇花枝無刺，花梗光滑，葉片狹長而光亮，托葉順著葉柄延伸較長，且大部分與葉柄合生，兩側光滑而無腺毛，分離部分則呈牛角狀。花序上著花數量更多，花梗基部多苞片，花梗細長而光滑，花瓣窄而長，類似菊花瓣，花色也一改沼澤薔薇之桃粉色，而呈淺粉和深紅之混合色調。此外，花朵直徑較小，尚不及小葉之長，顯得玲瓏可愛，觀賞性更佳。

由於半重瓣小花沼澤薔薇枝幹無刺，其用途也隨之大增。例如街心、社區、居民區、機關、學校等，或是其他人為活動頻繁而空間有限的區域，均可無害化安全栽培。如果在公園臨水坡岸定植，特別是規劃成片狀，則春來魚游花樹，秋去紅桿紅果成片，動靜相間，四季變換，定會成為一道靚麗的風景。

Rosa hudsoniana Subcorymbosa
Rosier d'hudson a fleurs presqu'en Corymbe
P.J. Redouté pinx.
Imprimerie de Remond
Eug Talbeaux sculp

65

Rosa chinensis var. *semperlorens*

半重瓣月月紅

半重瓣月月紅（Semi-double Monthly Rose）的類型較多，其主要形態特徵為直立小灌木，花瓣深紅色，小葉狹長，雌蕊紅紫色，四季開花。對照版畫插圖，雷杜德筆下的這種半重瓣月月紅，與引種在墨爾本皇家植物園裡的半重瓣月季紅十分相似。

中國古代月季對世界現代月季誕生所起的作用是決定性的，也是無可替代的。歸納到其種質方面，大致有三大類型：第一類是月月紅類，其作為雜交親本的價值在於它的重複開花性（Repeating flowering）和直立性(Upright shrub)；第二類即為香水月季類，特別是重瓣淡黃香水月季、佛見笑等，這是現代雜種茶香月季最為重要的源頭；第三類就是重瓣深紅月季類，如寶相、赤龍含珠等，它們是改變世界月季顏色的親本，真正起到了推動世界月季界「顏色革命」的作用。巧合的是，這三類月季都最遲始現於北宋時期。從那以後，雖然至今已歷經千年以上，但世界月季類型的基本格局，也即其主要植物學形態和性狀特徵，諸如株型、花型、重複開花、茶香、藤本、半藤本等，均未超越宋代月季已經擁有的巔峰習性，也絲毫沒有動搖中國古老月季的優異和特異種質平台根基。

在中國，若以宋、元、明、清歷代月季的主要類型及地方栽培品種作比較，從北方的洛陽、開封到南方的福州、鎮江、寧波等地，雖然年代不同，但是主要類型及其品種幾近一致。這也說明，自宋代的月季巔峰時期之後，其後出現的品種，再難望其項背。這有點像藝術，一旦在歷史上到達巔峰，後面無論怎麼追趕和創新，似乎再也無法超越。西方文藝復興時期的油畫是這樣，中國的唐詩、宋詞、元曲亦是如此。

Rosa Indica subviolacea
Rosier des Indes à fleurs presque Violettes
P. J. Redouté pinx.
Imprimerie de Remond
Langlois sculp

66

Rosa × spinulifolia

高山薔薇變種

高山薔薇變種（Wild Hybrid of Alpine Rose），起源不詳，有人推測其為自然變異。此種最為顯著的形態特徵，似乎都在這散生而發達的針刺和先端顏色變深的花瓣上。

雷杜德筆下的這種高山薔薇原產於歐洲南部，直至中歐大陸都有分佈，通常生長於3000~4000公尺的高海拔地區，與中國峨眉薔薇和絹毛薔薇生長地的海拔高度相近，因而高山薔薇必定也是直立小灌木。

從手繪圖來看，其形態特徵非常特別。比如其皮刺，這樣的皮刺其實在薔薇屬植物中非常罕見：針刺不像針刺，因為針刺的基部不能膨大；釘刺又不像釘刺，因為釘刺必須有與其刺垂直的基部。這樣的皮刺，多少有些像小錐子，前尖而後粗，與火棘的皮刺相似。因此，將其命名為「錐刺薔薇」，比起「高山薔薇」這麼籠統的名字也許更容易識別，也更利於薔薇愛好者記憶。

Rosa Spinulifolia Dematratiana
Rosier Spinulé de Dematra
P.J. Redouté pinx.
Imprimerie de Remond
Langlois sculp

67

Damask Rose 'Celsiana'

重台大馬士革薔薇

在中國古代月季史上，綠萼又被稱作「藍田碧玉」。

雷杜德所繪重台大馬士革薔薇，是重瓣大馬士革薔薇的變種或類型，花蕾露色部分為淺粉色，盛開後則變為近白色。尤為奇妙的是，此種總有一些花朵，被另一花枝穿心而過，呈一枝雙花之罕態。

中國古代也有重台薔薇、穿心薔薇等名種。唐代傑出政治家、文學家李德裕所著的《平泉山居草木記》中曾有記載:「已末歲得會稽之百葉薔薇，又得稽山之重台薔薇。」李德裕偏愛園林花草，還專門寫過花中開花的散文《重台芙蓉賦》：「吳興郡南白蘋亭有重台芙蓉，本生於長城章後舊居之側，移植蘋洲，至今滋茂。 頃歲徙根於金陵桂亭，奇秀芬芳，非世間之物。因為此賦，以代美人托意焉。」

其實，重台、穿心等薔薇，都是由薔薇畸變而成，實乃其雌蕊非正常分化之態。然古今中外觀賞動植物之妙，有時要的就是那種病態之美，如中國的月季名種綠萼之瓣。

在中國古代月季史上，綠萼又被稱作「藍田碧玉」。

P. J. Redouté pinx. Imprimerie de Remond Langlois sculp

它植株高約1公尺有餘，葉片細長，葉色暗綠，似有藍光。花朵較小，直徑約3~4公分，花瓣淺綠至綠色，細長而尖，雌蕊退化，雄蕊畸變成葉片狀的綠色花瓣，堪稱千古奇葩。

綠萼約於1827年由約翰·史密斯發現於美國，並取名「綠月季」（Green Rose）。1884年，在日本出版的《兩羽博物圖譜》一書中也已有綠萼的繪畫，日本人將其命名為「青花茨」。 1855年，皮埃爾·吉洛特（Pierre Guillot）將其由美國引入法國。

自從被引入西方，綠萼便因其不可思議的迷人綠色，而成為月季育種家夢中的聖杯。為了得到這種綠色月季，法國人曾把淺粉色或淺白色的月季栽種在冬青和柑橘旁邊，期望花色能因此變綠。甚至還有人提出對月季施以催眠術，以阻止其秋後落葉。

綠萼是如何在19世紀就已經抵達美國南卡羅來納州的呢？我雖費盡周折，曾數次赴歐美實地考察，但至今仍無確切答案。

68

Rosa × Harisonii 'Lutea'

哈里森黃薔薇

哈里森黃薔薇，亦名「德克薩斯黃薔薇」，是異味薔薇的雜交種。花色金黃而亮麗，具有極強的園藝觀賞性。

在素有「玫瑰之城」之稱的美國俄勒岡州，有一條著名的玫瑰小徑，也稱「俄勒岡玫瑰小徑」，它是19世紀西部拓荒者所開闢的道路。在這條路上，人們懷揣著夢想和希望，冒著生命危險，忍飢挨餓，艱苦跋涉。男人的行李裡裝滿了實用工具，而女人的行囊中除了《聖經》、被子和廚房用具，還有扦插玫瑰所用的枝條和播種用的種子。並不是所有玫瑰都能成功地穿越荒原，它們或是枯萎，或是被迫栽種在路邊。現在，人們在玫瑰小徑上發現了約20多種玫瑰。據說，當時很多後來人都是追隨著玫瑰一路西行。那些跟隨主人到達目的地的玫瑰，不僅成為人們戰勝困難的象徵，而且也令它們的主人感受到往日生活所帶來的溫暖。

這些充滿傳奇色彩的玫瑰中，就有哈里森黃薔薇。它的生命力極其頑強，在美國中西部廢棄的農場上，至今仍可以看到它們的花信。

哈里森黃薔薇（Yellow Rose of Texas），亦名「德克薩斯黃薔薇」，是異味薔薇的雜交種。1824 年，為美國紐約一位律師喬治・福利奧特・哈里森所育。花色金黃而亮麗，具有極強的園藝觀賞性。要知道薔薇和月季裡，擁有艷麗黃花的種類或品種並不多，皮實健壯的就更少了。因此，哈里森黃薔薇一經面世，沒過幾年就開始在美國長島廣泛銷售了。

一般認為，哈里森黃薔薇的親本為異味黃薔薇和茴芹葉薔薇。此種薔薇花瓣為金黃色，小葉7~9枚，一季開花，植株健壯，耐寒、耐旱、耐陰，幾乎不需要人工養護。在很長一段時間裡，它和另一個異味黃薔薇和茴芹葉薔薇的雜交種——威廉重瓣黃薔薇，為西方僅有的兩種耐寒性極強的鮮黃色薔薇。

哈里森黃薔薇乍一看很像中國北方常見的特有野生種黃刺玫（*Rosa xanthina*）。只是前者花梗長而細弱，後者則花朵緊貼花枝，據此即可將兩者區分開來。

Rosa Eglanteria Luteola
L'Eglantier Serin
P.J. Redouté pinx.
Imprimerie de Remond
Langlois sculp

69

Rosa gallica × Rosa centifolia

高盧百葉薔薇

此種重瓣薔薇株型矮小，花蕾緊包，花瓣窄而短，花色近朱紅，萼片兩側分裂成羽毛狀，形態特徵非常明顯，易於識別。多數人疑其為法國薔薇與百葉薔薇的雜交種，只是其花葉如此之小，可謂法國薔薇之微型類型，亦即微型法國薔薇。

高盧薔薇，俗稱「法國薔薇」，但法國薔薇並非只在法國才有此種野生薔薇分佈。相反，法國薔薇分佈範圍非常廣，不僅在中歐、南歐極為普遍，就連在中亞地區也不算稀奇。只是這個特定的國家名稱限制了人們的想像，並將人引入歧途，以為法國薔薇為法國獨有。

薔薇屬植物命名既是科學，又是藝術，還是習俗。植物學家命名薔薇屬植物時，大多會顧及其形態分類學特徵，如日本富士山周邊分佈的日本特有薔薇「毛葉纓絲花」（*Rosa hirtula*），其拉丁名的意思就是葉片上有毛狀物的薔薇。只是這種毛狀物，並非常見的葉面柔毛或腺毛，而是短小光亮的小毛刺，如果不用10倍以上的顯微鏡放大觀察的話，還真不易發覺。當然也會使用人名來命名，以紀念在該物種發現過程中發揮了重要作用的人。如自然分佈於中國西南山區的川滇薔薇（*Rosa soulieana*），命名者雷克潘就是為了用這個名字來紀念其發現者佩爾·蘇利耶。蘇利耶利用傳教之便，在四川、西藏採集到了川滇薔薇的種子，並於1895年前後將其寄到法國，讓西方人有機會見到這種來自中國的枝葉呈淺灰色的奇異野生薔薇。

西方有法國薔薇之泛，而中國則有野薔薇之亂。像《中國植物誌》薔薇屬下的野薔薇（*Rosa multiflora*），這樣的命名太過寬泛而語焉欠詳。這裡的「野薔薇」，實際上專指「多花薔薇」，像古代的粉糰薔薇、「白玉堂」、紫花粉糰等數十個重瓣栽培品種，都是它的後代。這種野薔薇分佈極廣，不僅在中國大部分地區都有其自然分佈，就連近鄰日本亦有相類。若按一般認知，非經人工栽培的薔薇，都可以叫野薔薇。而用一個泛指的名詞，來命名一個特定的薔薇野生種，既不合理也不科學，更在物種識別方面造成了混亂。

Rosa Gallica agatha (Varietas parva violacea) La petite Renoncule violette
P. J. Redouté pinx.
Imprimerie de Remond
Lemaire sculp

70

Rosa sempervirens CV.

常綠薔薇栽培種

雷杜德這幅畫中的常綠薔薇是一個栽培種，英文名為Variety of Evergreen Rose，與前面所述之常綠薔薇相類。

從雷杜德所繪之常綠薔薇栽培種來看，其花枝細軟，皮刺楔形，傾斜而無鉤；葉柄較長，托葉大部分貼生，分離部分呈尖角狀，兩側光滑，無腺毛；小葉較大，表面凹凸不平，呈深灰綠色；花朵較大，白色，雌蕊呈柱狀，雄蕊整齊排列於口沿，花絲和花藥金黃色；萼筒長圓形，萼片有少量棍棒狀分裂；花序呈复傘房狀，有苞片。

得益於其花朵直徑較大，葉片下垂頗具美感，故而成為約瑟芬皇后的「座上賓」，還有植物繪畫名家專門為它繪製肖像畫。只是，歲月如歌，直至200年後的今天，早已物是花非。如今的歐洲花園裡，再也見不到它當年頗具特色的倩影。

這樣的故事並非此種獨有。歷史上的許多薔薇品種，並不是因為它們自身長得有多差，而是因為新品種推陳出新的速度實在太快，最終輸給了再難回首的歲月，輸給了育種技術之創新與普及，輸給了喜新厭舊的人類。

Rosa Sempervirens latifolia
Rosier grimpant à grandes feuilles
P.J. Redoute pinx.
Imprimerie de Remond
Langlois sculp

71

Rosa chinensis 'Single'

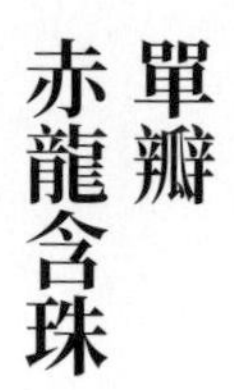

中國火焰（Bengal Fire），1887 年發現於歐洲。

經過多年對「中國四大老種」的收集與甄別，我以為被西方人稱為斯氏猩紅月季（Slater's Crimson China）者，即為中國宋代名種赤龍含珠，亦名「赤龍吐」。

赤龍含珠是創立現代月季深紅色系的一個重要親本。據記載，它是由一位東印度公司的船長送給西爾伯特．斯萊特（Cilbert Slater）的禮物。與帕氏淡黃香水月季和休氏粉暈香水月季一樣，許多人也以為赤龍含珠在西方早已消失，直到20世紀50年代，人們在百慕達重新發現了它。

百慕達距紐約大約1000公里，冬季平均氣溫17~21℃，夏季則為22~26℃，氣候溫暖濕潤，面積雖小，卻是古老月季的樂園。在那裡曾經發現過許多中國古代月季名種，如楓葉蘆花、黃蟬衣（*Rosa chinensis mutabilis*）、月月粉、月月紅、單瓣藤本月季（Indica Major）、荼蘼、重瓣白木香、金櫻子、碩苞薔薇等。

這麼多中國古老月季和薔薇原種是如何抵達這個孤島的呢？百慕達位於美洲與歐洲海上運輸的中心樞紐地帶，曾作為中轉站在歷史上擁有四百多年的繁榮時期，很有可能這些古老月季和薔薇原種就是隨商船而來。例如，福瓊發現楓葉蘆花的地方——寧波，

Rosa Indica Stelligera
Le Bengale Etoilé
P. J. Redouté pinx.
Imprimerie de Remond
Chapuy sculp

其附近舟山在300 年前就有西方各國的商船往來，有一種被西方命名為「舟山月季」的古代中國月季，就是由舟山運至西方各國的。

雷杜德所繪的這種月季來源不詳，本人迄今尚未找到如此弱枝小花的單瓣月季類型。據其花枝無刺、小葉狹長、托葉寶瓶狀、花蕾頎長、萼片尾尖呈羽毛狀、花瓣深紅、花心呈白色等主要形態特徵來看，與現存古老月季赤龍含珠極為相似，故譯作「單瓣赤龍含珠」。

一般認為，野生單瓣品種變成重瓣園藝品種會比較困難，往往需要長期的改良；而從重瓣變為單瓣則非常容易，比如播種月月紅的種子，就可以得到其單瓣實生苗。這種變異，也有人稱之為「返祖現象」。赤龍含珠採其種子播種，或用其花粉雜交，在理論上均可得到單瓣類型。因此，單瓣赤龍含珠之名，實非空穴來風。只是此種單瓣赤龍含珠，花枝光滑，沒有皮刺，有別於其親本。若稱其為「無刺赤龍含珠」，亦無不妥。

72

Rosa chinensis ‘Chi Long Han Zhu’

中國宋代月季名種赤龍含珠。

這種玫瑰應是約瑟芬皇后的玫瑰園裡最受寵愛的中國古老月季名種之一，深紅的花色、嬌俏的株型，以及四季開花的特性，在200多年前曾令歐洲人朝思暮想。它就是中國宋代月季名種赤龍含珠，西方俗稱為「White Pearl in Red Dragon’s Mouth」。

赤龍含珠花梗細長、花瓣基部白色成圈，且內瓣又多內捲成球形，故宋人將其命名為「赤龍含珠」。它是早期被引入西方的「中國四大老種」之一，也是擁有紅色花瓣的玫瑰中花色最深的品種。

二十多年前，在「六朝金粉地，金陵帝王州」的南京璇子巷，我在國內首次重新發現了失踪已久的赤龍含珠。那真的是城南舊事。猶記得璇子巷內北臨長樂路、南望中華門的河邊老房的山牆上，攀著一株大葉藤本月月紅，爬滿了一整面牆，三三兩兩的枝葉和花朵延伸至屋簷之下、黛瓦之上，非常奪目。在巷內的一口古井旁，數叢赤龍含珠毫不起眼地生長在那裡，數朵下垂的猩紅色花朵悄然開放。這個令人驚喜的發現，讓我忍不住數次前往璇子巷探訪。從早春到寒冬，它們就如一位老者，不知疲倦地以花朵招呼著前來取水的街坊。然而前年等我再走璇子巷，除了古井，那數叢赤龍含珠已不復存在。幸好我早年採集了它們的枝條，種在我的小院裡，留住了它們歷經歲月的花朵與那抹芬芳。

我與赤龍含珠的海外奇遇，則是在美國加州的薩克拉門托古老月季園（Sacramento Historic Rose Garden）。它建於1992年，至今已經收集保存了500種加州本地發現的古老月季和幾十種野生薔薇，其中不乏中國古老月季。當我在陳棣先生的安排下，一路奔波抵達古老月季園時，當地政府已經派人備好了午餐，月季協會的主要工作人員也準備好了全套的月季園資料，讓我非常感動。

然而出乎意料的是，這座位於城市中不算小的古老月季園，居然也是一座有著約200年歷史的古老墓園。一叢叢的古老月季，自然而得體地栽種在墓穴周邊，以墓碑相隔，有一種獨特的氛圍。也許正是因為如此特別而又富於內涵的景緻，薩克拉門托古老月季園才能在2015年被世界月季聯合會授予「世界月季名園」的稱號吧。

在這座令我至今難忘的古老月季園中，我不僅如此真切地看到了赤龍含珠，看到了重瓣繅絲花，看到了無刺重瓣青心黃木香，更是看到了目前在中國都難得一見的佛見笑。這麼多的中國月季嘉種，它們是如何抵達加州這片乾旱少雨的土地的呢？環顧寧靜的古老墓園，我不禁陷入了沉思。

那一次，帶著幾分期許，在離開薩克拉門托古老月季園後，我繼續驅車前往位於矽谷附近的斯坦福大學。但令人遺憾的是，無論是古色古香的圖書館旁，還是藏有蔣介石日記的胡佛塔下，我都沒有任何收穫。倒是史丹佛大學校門前的一片現代月季，花朵色彩豐富，葉片在陽光的照射下熠熠生輝。

Rosa chinensis ‘Chi Long Han Zhu’ / 赤龍含珠 /

73

Rosa chinensis CV.

細梗月月紅

墨爾本皇家植物園裡的細梗月月紅。

這種月月紅顯然是月月紅類中的一個品種。其花枝柔軟，皮刺較少，花梗細長，花瓣深紅，明顯有別於歐洲本地的古老栽培薔薇，故將其名譯作「細梗月月紅」（Variety of China），以示區別。

細梗月月紅在歐洲比較常見，而中國則栽培甚少。究其原因，可能是因為中國境內月月紅、月月粉種類繁多，可選擇的範圍極大，故很少會刻意栽培那些看似弱不禁風的月季品種。

我在前往澳大利亞拜訪雪梨大學農學部時，特地轉道去了墨爾本皇家植物園。墨爾本皇家植物園位於墨爾本市郊，始建於1846年。植物園內的月季園並不大，但來自中國的薔薇和月季卻不少，其中就有細梗月月紅的倩影。

不知設計者是否有意為之，古老月季栽培區正好位於月季園中的一處高坡之上。透過開得有些過於密密匝匝的花朵，可以遠遠看到墨爾本市中心。一邊是幾百年前的古老月季，另一邊是高樓林立的國際化大都市，古老與

Rosa Indica dichotoma
Le Bengale animating
P.J. Redouté pinx.
Imprimerie de Remond
Chapuy sculp

墨爾本月季園中的中國古老月季重瓣繅絲花。

現代相映成趣。

古老月季栽培區中有不少來自中國的薔薇，其中就有中國重瓣繅絲花（*Rosa roxburghii*）。重瓣繅絲花株型直立，花色鮮豔，花期較長，適應性極強，深受西方人的青睞，國外庭院栽培甚廣。

美麗的重瓣繅絲花為宋代月季名種。雖然按照植物學分類，它在薔薇屬植物中被歸為繅絲花亞屬，但至今無法找到其野生種群，是名副其實的中國古代栽培品種之一，多分佈於四川、貴州、雲南等地。中國重瓣繅絲花至少在江戶時代就已經東渡扶桑，日本人稱之為「十六夜薔薇」。重瓣繅絲花被引入日本後，不知是水土不服，還是另有其故，開花之時花瓣邊緣總是缺那麼一小塊。

1824年，重瓣繅絲花由廣州經印度加爾各答被引種歐洲，它曾被用於月季育種，在西方的庭院中也應用極多，擁有數個名字。美國人因其花萼上的刺毛特別顯眼，稱其為「板栗玫瑰」（Chestnut Rose）；而在英國，它則被叫作「刺玫瑰」。

2011年，在美國薩克拉門托古老月季園，兩叢重瓣繅絲花竟然在深秋10月還綻放著鮮豔的花朵，令遠道而來的我備感驚喜。月季園的工作人員見狀，旋即拔出根櫱三株，用吸水紙包好根部，套上保鮮袋，放入我的背包中。隨後，我背著它們從加州到紐約，沿著東、西海岸的月季園周遊半個月。回到南京後，我將它們種在盆中，很快它們就伸出了綠油油的葉子，可見生命力之頑強。

74

Variegated variety of Autumn Damask Rose

金葉秋大馬士革薔薇

金葉秋大馬士革薔薇，很明顯是秋大馬士革薔薇（Autumn Damask Rose）的變種，因其葉片上多夾雜金黃色斑塊而得名。除葉片顏色不同之外，金葉秋大馬士革薔薇與秋大馬士革薔薇相比，還是有比較大的差異，如皮刺的大小、形狀與多少，明顯各異。

有趣的是，大馬士革薔薇在不同國家可謂物盡其用。如在伊朗、伊拉克、阿富汗、法國、保加利亞等國家，人們似乎只用其花；而在爪哇島，人們習慣將其葉片作為蔬菜食用；到了印度，當地人則認為其薔薇果是一味很好的草藥。

我以為，大馬士革薔薇的故事遠比我們今天探知到的要多得多。它是西方歷史上最為著名的香料植物，而芳香文化的形成則始於中東。中東地區一直以來就以生產玫瑰著稱，大馬士革薔薇花香濃烈，且其香味十分特別，有一種濃烈的麝香腺體所發出的味道，非常適合以肉食為主的中東人和西方人用來遮蓋其體味。並且易於栽培，花瓣富含芳香油，進而延伸出更多的香料產品。據說，波斯最早在9世紀初就已出現香水產業，玫瑰精油的英文名「attar」也來自波斯語，意為「芳香的」。早在查理曼帝國查理大帝時期，他在亞琛的宮殿裡就飄浮著大馬士革薔薇精油的香味。

玫瑰精油的獲得完全出於偶然。公元11世紀，作為伊斯蘭世界最偉大的學者和醫生，伊本．西拿（Ibn Sīna）在嘗試將玫瑰與諸金屬混合提煉黃金的過程中，通過一套經過改良的蒸餾裝置，意外地提取到了玫瑰花瓣裡最純的物質，也就是玫瑰精油。他也因此被尊稱為「精油之父」。

玫瑰精油的芳香種類很多。一般我們比較容易識別的，大約有七種類型。大馬士革薔薇被稱為「古典大馬士革型」，它的味道非常香，近似中國的玫瑰；大馬士革雜交種的味道與之略有不同，被稱為「現代大馬士革型」；其他還包括茶香味、藍香味、辣香味等。辣香味薔薇辣香濃烈，中國分佈較廣的野生小果薔薇便是其來源之一。

據說若想獲得10毫升玫瑰精油，就需要在黎明採摘一萬朵帶有露水的玫瑰花，然後歷經浸泡、數次蒸餾才可獲得。這也是好的精油總是十分昂貴的原因。精油的成分非常複雜，薔薇、玫瑰、月季其實都可以用來提煉精油，但是不同品種所富含的香茅醇（Citronellol，為具有芳香的天然有機化合物，是精油的重要構成物質）含量也大為不同。比如月季，尤其是中國月季，香茅醇的含量就非常低。然而物以稀為貴，現在日本的資生堂等化妝品公司正在做月季提取精油的實驗，以滿足追求個性化的高端客戶群的需求。不同的月季，精油成分也略有不同，比如藍香月季就比較偏重於藍香味的精油成分。

大馬士革薔薇的花瓣中富含大量香茅醇，且易栽培，是玫瑰精油產業的重要原料。古代歐洲大馬士革薔薇以法國普羅旺斯等產地為最，如今則在保加利亞的卡贊利克谷和卡爾洛沃谷這兩個山谷大放異彩。當然，原本就是大馬士革薔薇發源地的伊朗，也從來不曾中斷這種傳統香料薔薇的規模化生產。

現在，四川阿壩州四姑娘山所在的小金縣已廣泛引種大馬士革薔薇，這也是當地有「玫瑰姐姐」之稱的陳望慧女士主持的扶貧項目。當地海拔高度近3000公尺，是世界上種植大馬士革薔薇最高的地區。這裡產出的重瓣大馬士革薔薇花頭十分經泡；玫瑰精油的品質也不輸伊朗原產地。我雖跑遍東西半球、看遍世界各地的名種，但還是希望能親赴小金縣一睹高原玫瑰谷的芳容，那其中蘊含了當地村民脫貧致富的希望。

Rosa Bifera Variegata *La Quatre Saisons à feuilles panachées*

P. J. Redouté pinx. *Imprimerie de Remond* *Victor sculp*

75

Rosa gallica CV.

法國花葉薔薇

我在雲南野外發現的薔薇花穿枝現象。

法國花葉薔薇為法國薔薇的變種，因其花蕊畸變為成叢的葉片，花中帶葉，故謂之「法國花葉薔薇」。

從植物器官的起源來說，花瓣源於雄蕊，即所有花瓣都來自把雌蕊圍成一圈的那些頭頂花藥的雄蕊。在漫長的歲月中，一部分雄蕊會逐漸轉化為花瓣。有趣的是，德國著名詩人、劇作家，同時也是一位植物愛好者的歌德，早在18世紀就提出了這樣的猜想。

薔薇花瓣的基數為五，故俗稱「五數花」，這是由進化決定的成功授粉的最佳花瓣數，不管是通過昆蟲、風來授粉，還是花朵自身授粉。一般而言，隨著花瓣數量的增加，雄蕊則會相應減少。

當然，也有少數如峨嵋薔薇等開四瓣花的四數花。峨眉薔薇分佈於中國西部和西南部。雲南香格里拉地區土壤貧瘠，植物稀少，氣候變化劇烈，每逢花開時節，嬌俏的峨眉薔薇便為這高寒地帶平添了一份江南桃花盛開般的勃勃生機。

雌蕊退化、雄蕊變異而致花中開枝散葉的情形，亦非鮮見。但法國花葉薔薇不僅僅是穿出一個短小的花枝，而是穿出了一整根枝條，實屬異類。

Rosa Gallica Agatha (var. Prolifera)
Rosier Agathe Prolifère
P. J. Redoute pinx.
Imprimerie de Remond
Victor sculp

76

Rosa gallica CV.

斑點法國薔薇

人們從埃及和克里特島所發現的古代壁畫上得知，人類早在5000多年前就已經開始為了芳香物質而栽種花卉，並用其製作香水。最初，法國薔薇也是被作為香料栽培，因其花朵大而香味濃郁，即使乾燥後仍然能保持香味，直到後來被大馬士革薔薇所取代。

斑點法國薔薇為法國薔薇的一個變種。現在，在歐洲的葡萄園中常常可以見到它的身影。這並非僅是為了美化之用途，更重要的是，在這裡它被當作黴病發生的預警信號。儘管侵染葡萄的真菌株系和侵染薔薇的病原並不相同，但是葡萄園的種植者們認為，斑點法國薔薇易感染黴病的特點，有利於黴病發生時，可以第一時間顯現出染病的樣子來。

然而，作為法國薔薇與百葉薔薇的雜交種，斑點法國薔薇紫紅色花瓣上時隱時現的淺色斑點並非霉點，亦非藥害或肥害所致，而是基因突變而來。其形態與性狀穩定，可以無性繁殖，極具觀賞性。

花瓣上時隱時現的淺色斑點雖實屬罕見，但對中國古代月季而言，斑點月季可謂見怪不怪。宋代的《月季新譜》中，就收錄了數種花瓣帶有白色或紅色斑點的名種，例如玉液芙蓉，「上品。色白，外瓣有紅點，香氣最盛」。《月季新譜》的作者署名為迂叟，迂叟何人？經過對其進行的一系列考證，我以為是北宋政治家、文學家司馬光。

現存帶斑點的品種，歐洲似乎只有阿里蓮．布蘭查德（Alian Blanchard），其花瓣的形態特徵非常突出，令人過目難忘。

Rosa Gallica flore marmoreo Rosier de Provins à fleurs marbrées
P.J. Redouté pinx.
Imprimerie de Remond
Bessin sculp

77

Rosa agrestis CV.

窄葉草地薔薇

野生單瓣白木香，亦稱「白玉碗」，與窄葉草地薔薇頗有幾分神似。

雷杜德所繪窄葉草地薔薇，乃草地薔薇的自然變種或栽培類型之一，花瓣近白色，葉片細長，與歐洲常見之草地薔薇相近。為與其野生原種有所區別，遂以「窄葉草地薔薇」謂之。

草地薔薇株型稍矮，與當地的草地融為一體，乳白色的花朵開在一望無際的草甸上，頗有天蒼蒼，地茫茫，風吹草低現薔薇的曠野之感，別具一格。

窄葉草地薔薇的花瓣先端有缺刻，即外緣中部略顯凹陷。此類形態特徵，與金櫻子的花瓣相似。

此外，窄葉草地薔薇的花型頗有特色，花蕾綻放中期花瓣幾乎直立，五瓣圍合呈碗狀。中國古代尊稱單瓣白木香為「白玉碗」，此花與其亦有相似之韻。

Rosa Sepium Myrtifolia　*Rosier des Hayes à feuilles de Myrte*

P. J. Redouté pinx.　*Imprimerie de Remond*　*Langlois sculp*

78

Rosa gallica CV.

大花法國薔薇

在法國歷史上，法國路易十六的王后瑪麗．安托瓦內特，素有「凡爾賽的洛可可玫瑰」之稱，不僅是因為風姿綽約的瑪麗王后正如後來的著名文學家茨威格所評價的那樣，「再沒有人能比她更好地表現18世紀的風情，她是18世紀的象徵，也是18世紀的終結」，還因為瑪麗王后非常喜愛法國薔薇，她喜歡在繁花盛開之際，前往當時法國薔薇的主要產地普羅旺進行觀賞。

在保存至今的瑪麗．安托瓦內特的多幅肖像畫中，衣飾華麗、髮型獨特的瑪麗王后總是手持一朵法國薔薇。這些畫中，最為著名的是由宮廷女畫師伊麗莎白．維杰．勒布倫所繪製的《手持玫瑰花的瑪麗．安托瓦內特》。這幅畫繪於1783年，幾年後法國大革命爆發，瑪麗．安托瓦內特被送上斷頭台，結束了自己跌宕起伏的38年人生。

19世紀40年代前後，法國薔薇培育品種呈爆發式增長，大花法國薔薇就是在這一時期培育出來的一個品種。開大花的法國薔薇十分少見，此種薔薇以花朵單瓣、花徑碩大而著稱，其花徑達到了小葉長度的2.5倍左右，的確與眾不同。此外，它的新梢嫩葉略帶紫紅色；花瓣寬而闊，近基部還有一個淡淡的白色暈圈，觀賞性極強。

法國薔薇現有約300個品種，大部分都已消失，如雷杜德所繪法國薔薇中一種名為「豹皮花」的薔薇，其因花瓣斑點狀似非洲植物豹皮花而得名。

至今留存下來的法國薔薇中，顏色最深的是花開紫色的「黎塞留主教」。它由比利時育種家帕門提埃所培育，為紀念紅衣主教黎塞留而命名。歷史上，黎塞留既是天主教領袖，也是一位政治家，曾擔任法國國王路易十三的首相，並為他建立了著名的皇家植物園。

Rosa Gallica rosea flore simplici Rosier de Provins à fleurs roses et simples

P.J. Redouté pinx. Imprimerie de Remond Langlois sculp

79

Rosa gallica 'Violacea'

紫紅法國薔薇

這是一種外形非常華麗的薔薇，花瓣深紫紅色，花蕊金黃色，故謂之「紫紅法國薔薇」。它有著天鵝絨一般的紫紅色花瓣，花瓣中間金色的花蕊如同王者的金冠。它始現於荷蘭，1795年前後即有栽培。約瑟芬皇后的著名園丁安德魯・杜彭大約在1811年前將其引入梅爾梅森城堡的玫瑰園。

這種薔薇因與一個傳奇故事緊密相連，而顯得分外特別。故事的主人公艾梅・迪比克・德里弗利是約瑟芬皇后的堂妹，自小在法國接受教育。在她完成學業，乘船返回位於加勒比海的馬提尼克島家中時，不幸被海盜抓住。海盜先是將其帶往阿爾及爾，後又把她送給奧斯曼帝國蘇丹阿卜杜勒・哈米德一世做王妃。自以為命運多舛的她，沒想到竟備受哈米德一世的寵愛，並成為後來的穆罕默德六世的養母。年幼的穆罕默德六世繼位後，艾梅實際掌握了奧斯曼帝國的大權，被尊稱為「蘇丹娜」。她去世後，穆罕默德六世將她葬在聖索菲亞大教堂的花園裡，並在墓碑上刻下：她的偉大和聲望使得這個國家成為一座玫瑰園。對於這個故事的真實性，至今也有學者持懷疑態度，但是已無關緊要了。現在，我們也無從考證這個命名是由誰來完成的，只知道紫紅法國薔薇又因這個傳奇的故事而被稱為「蘇丹娜」。

紫紅法國薔薇株型中等，分枝較多，葉片較大，葉面不光滑。花瓣從單瓣至半重瓣，花徑可達10公分，芳香濃郁，一季開花。因花大色深，異常美麗，且極易栽培，耐陰，抗病，紫紅法國薔薇已成為月季愛好者的首選庭院栽培品種，因此在如今的歐洲庭院，仍然可以看到它的身姿。

Rosa Gallica Maheka (flore subsimplici)　Le Maheka à fleurs simples

P. J. Redouté pinx.　*Imprimerie de Rémond*　*Langlois sculp*

80

Rosa centifolia CV.

穿心百葉薔薇

穿心粉糰薔薇。

穿心百葉薔薇（Variety of Cabbage Rose），其花非常新奇，奇特之處在於它不僅花中開花，而且其萼片全部畸變成羽毛狀葉片，形態特徵極為罕見。

我曾於雲南發現穿心粉糰薔薇，但其萼片正常，花中見花的畸變比例甚少，至今尚未發現全株所有花朵均呈穿心狀者。

唐代宰相李德裕可謂愛花之士。他不僅賞賜大臣茶酒，還在其《平泉山居草木記》中載有「已末歲得會稽之百葉薔薇，又得稽山之重台薔薇」之述。此處之重台薔薇，顧名思義，就是薔薇花的花心之中再開出一朵花。這樣的花當然稀罕至極。從其機理而言，不外乎在第一朵花盛開之時，其雌蕊畸變成另一輪花枝，且花芽迅速分化，形成另一朵完整的花。這便是穿心百葉薔薇的神奇之處。

類似這樣花開兩層的植物，比較典型的當數中國的「重樓」，葉片輪生成兩層，猶如兩層樓房，其上再開出如葉片一樣多的花瓣。它既是一種藥用植物，具有清熱解毒、消腫止痛、涼肝定驚之療效，又是一種瀕危植物，還是目前雲南山區村民脫貧致富的好幫手。

Rosa Centifolia prolifera foliacea La Cent feuilles prolifère foliacée
P.J. Redouté pinx.
Imprimerie de Remond
Victor sculp

81

Rosa feotida
'Bicolor' CV.

金葉異味薔薇

清末著名畫家任頤於1873年所繪《月季與雙鳥圖》中的古老月季「銀背朱紅」。

金葉異味薔薇是複色異味薔薇的變種，因其部分小葉呈金黃色而謂之。此類金葉現象，有的是植株感染病毒所致，有的是栽培基質缺少微量元素，也有因其基因變異而金葉性狀穩定者。雷杜德筆下的這種珍稀品種當屬後者。

金葉異味薔薇，源自奧地利黃薔薇（Austrian Copper Rose）之複色薔薇品種（Bicolor）。雷杜德所繪金葉異味薔薇，其花二朵，均為正面，故為紅色。但其背面實則應為黃色，構成單瓣複色之標準模樣。細心的讀者會發現，畫面上部之花蕾，其露色部分，顯出了近半之金黃色。這就說明盛開後的花朵，其背面必定為黃色。現代月季之複色品種，如進入中國已久的老品種「金背大紅」（Condesa de Sástago，西班牙育種家於1930年育出），其花瓣正面和背面就是雙色的。

或許有人會說，複色月季的起源應在歐洲。其實，清末「海派四傑」之一的任頤，早就為我們畫出了揚州當地的複色月季品種。中國人民大學王建英教授，還一直催促我給這種中國古老月季起個名。只是我至今沒能找到與之匹配度較高的古代文獻之證，難以貿然下筆。不過，若從其花色而言，或許叫作「銀背朱紅」亦頗俗中見雅。

Rosa Eglanteria sub rubra
L'Eglantier Cerise
P. J. Redouté pinx.
Imprimerie de Remond
Langlois sculp

82

Rosa × odorata

單瓣香水月季

大花香水月季（*Rosa odorata* var. *gigantea*）。

雷杜德所繪的這種單瓣香水月季（Single variety of Tea Rose）由來已久，遺傳背景現已無從查考。僅從形態學考證，其皮刺、葉形及大小、花瓣形狀及大小、萼片兩側光滑不分裂等，具有明顯的中國香水月季之特徵，但小葉表面凹凸、無光澤，則已明顯歐洲本土化了。

根據我多年的野外調查發現，香水月季栽培種或品種基本源自三個類型，即香水月季型、大花香水月季型，以及香水月季與大花香水月季之間人工或自然的雜交型。在大量現場調查與採集標本的基礎上，為了更加接近實際，我將此三種類型統一歸為香水月季類群。

香水月季這一類群，因株型碩大、枝葉優雅、花朵半垂、花瓣芬芳甜美，加之適應性強，在中國至少在宋代，已經進入人們的日常生活中，或為畫家入畫，或為庭院生香。儘管中國自古以來就更崇尚重瓣花卉，但單瓣類型的香水月季在古代也並非鮮見。美國俄亥俄州克里夫蘭藝術博物館所收藏的中國明代畫家陳

Rosa indica fragrans flore simplici
Le Bengale thé à fleurs simples
P.J. Redouté pinx.
Imprimerie de Remond
Victor sculp

洪綬的《花鳥精品冊》中，就有一幅單瓣粉紅香水月季，形態逼真，就連花梗上的腺毛都清晰可辨。此畫還附有書畫大師謝稚柳、中國美術家協會理事唐云的書法題跋，可謂傳承有序。

中國野生的大花香水月季擁有非常大的花朵，直徑可達10公分以上，原產於雲南，多生於林緣溝壑，被認為是現代茶香月季的主要親本。而雷杜德手繪的這種單瓣香水月季，與中國野生大花香水月季明顯不同，前者為灌木類型，而後者則為藤本。由此可以推斷，雷杜德筆下之物，當為香水月季的單瓣類型，或源自重瓣香水月季之實生苗。

被西方稱為「中國四大老種」之一的帕氏淡黃香水月季，是中國著名的香水月季古老品種。它在1824年被英國植物學家約翰．帕克（John Parks）運回英國後，隨即又從英國運抵巴黎。由於當地冬季十分寒冷，所以多為盆栽。當時西方黃色月季十分稀罕，而帕氏淡黃香水月季不僅株型直立、形態優雅，且葉大花黃，茶香宜人，故而被視為獨一無二的珍品，被廣泛用作親本雜交。但令人費解的是，它卻於1842年突然絕跡。現今西方廣為栽培的所謂帕氏淡黃香水月季，來自彼得．比爾斯（Peter Beals）的苗圃，其實是一種藤本淡黃香水月季，充其量也只是原物的芽變品種或實生苗後代。

2005年在雲南騰沖的深山中，疲累且飢腸轆轆的我忽然聞到一股鬱鬱甜香，一路沿香尋去，只見一叢花枝探過斷壁殘垣，枝上的重瓣淡黃色花朵搖曳在藍天之下。帕氏淡黃香水月季！那一刻我喜極而泣，撲通跪地。中國月季始現於魏晉，盛於宋初，流散歐洲則是自清中期開始，雖歷經大自然的選擇和戰亂的洗禮，但絕大部分名種都存活至今，實在是個奇蹟。

香水月季庭院栽培歷史悠久，其中有一種著名的茶香藤本月季，盛開之時，粉紅色的花朵多垂掛於枝頭，微風吹過，花葉婆娑，分外美麗。1993年，英國月季專家羅傑．菲利普和馬丁．克里斯在雲南麗江路邊發現了這種月季並傳播到全世界，還將其命名為「麗江路邊藤本月季」。其實，早在若干年前，中國薔薇屬植物分類專家余德浚和谷萃芝先生早已將此花命名為「粉紅香水月季」。

這些古老月季，都是現代月季遺傳改良不可多得的育種材料，是存活至今的歷史文化遺產，也是國家的戰略資源。基因可以複製，可以轉移，但不可再生。因而丟失一個品種，就少了一個歷經千年錘煉的優秀基因，斷了一段珍貴的歷史傳承。

83

Rosa × Borboniana N.H.F.Desp

粉紅波旁月季

貝呂茲於1843年用中國月季雜交而成的波旁月季「梅爾梅森紀念」，倖存至今。

波旁月季（Bourbon Rose）的起源撲朔迷離，但可以確定的是，它的親本之一來自中國月季。

19世紀，中國月季的到來引發了西方月季世界的巨變。新品種繁殖培育的領頭者是法國人，培育新品種的熱情迅速感染了英國、美國等國家的專業種植者和業餘愛好者。他們培育出了一系列雜交新品種和全新的品類，這些玫瑰在歐洲最好的花園中蓬勃生長，登入大雅之堂。玫瑰的數量因此激增，以法國為例，從17世紀僅有的14個品種增長到1000多個。儲備最為豐富的花園或許是巴黎盧森堡宮，據記載，在19世紀50年代，這裡曾擁有1800個不同的物種和品種。到了19世紀80年代，玫瑰已經取代山茶花，成為時尚圈中的切花女王。

波旁月季始現於1819年之前，無論是哪個版本的起源故事，唯一不爭的事實是，它來自位於印度洋的法屬留尼旺島。在法國大革命前，留尼旺島被法國王室波旁家族命名為波旁島。這也是波旁月季名字的由來。

現在學界比較傾向於波旁月季是由法國植物學家布萊翁發現並命名的。當時，他被法國政府委任為留尼旺島的行政官員及島上植物園的管理者，在當地農場用以分割田野的月季綠籬中發現了這種玫瑰。據說，雷杜德所繪的這種波旁月季，是由法國著名育種家安托萬·雅克所培育的實生苗。

作為一個全新品類，波旁月季在19世紀70年代達到鼎盛，曾經有將近500個品種，之後又因雜交茶香月季和雜交長青月季的興起而迅速衰落。雜交茶香月季和雜交長青月季融合了東西方月季的優點，有著美麗的花型、豐富的色彩和旺盛的生命力，因而迅速贏得了園藝家的青睞。波旁月季現存數十個品種，以義大利菲內斯基薔薇植物園的收藏為最多。

法國育種家貝呂茲（Beluze）採用中國月季作親本反複雜交，於1843年育成一款非常優秀的波旁月季品種，命名為「梅爾梅森紀念」（Souvenir de la Malmaison）。這應是他作為一位月季育種家的苦心所在，希望人們在享受美妙的歐洲月季之餘，不應該忘記梅爾梅森城堡玫瑰園對優異種質收集保存的歷史功績，不應該忘記中國月季枝葉光亮、茶香濃郁、四季開花等獨特種質基因對世界月季的貢獻。

「梅爾梅森紀念」與其親本月月粉一起，入選世界「古老月季名種堂」，至今倖存。令人稱奇的是，它在遠離本土的澳大利亞，還於1892年出現了一個新的芽變品種，被稱作「藤本梅爾梅森」（Climbing Souvenir de la Malmaison）。那一藤淺粉色花朵，散發著濃郁的來自中國香水月季的甜香，彷彿是在追憶當年巴黎郊外的似水年華。

Rosa Canina Burboniana
Rosier de l'Ile de Bourbon
P.J. Redouté pinx.
Imprimerie de Remond
Langlois sculp

84

Rosa centifolia
'Mossy de Meaux'

細瓣苔薔薇

赫章薔薇花梗、花萼上密被棕褐色腺毛。

畫中的細瓣苔薔薇源自百葉薔薇，是眾多苔薔薇中的一個品種。此品種皮刺稀少，花瓣窄而短，葉形與中國月月紅、月月粉相近。與其他苔薔薇品種相類，細瓣苔薔薇的葉柄、葉軸、花梗、花萼、萼片等處，被滿了由腺體畸變而來的具有黏性的腺毛狀物。這些腺毛就是芳香之源，香味極為濃郁。

細瓣苔薔薇最為出彩之處，在於其花瓣。花瓣不僅數量多於一般苔薔薇，且其瓣細長，密集於花心，猶如菊花之瓣。因此，亦有人稱其為「菊瓣苔薔薇」。

這種重瓣苔薔薇，花朵大小適中，數輪花瓣將花型裝點得不高不低，小葉與花徑的比例恰到好處，莖葉平衡近乎完美，再加上那抹苔薔薇所特有的芳香，必是難得的庭院嘉種。

細瓣苔薔薇花梗、花萼上腺毛的形態與分佈，讓我不禁想起了自然分佈於中國貴州赫章縣的赫章薔薇。

Rosa Pomponiana muscosa
Le Pompon mousseux
P.J. Redouté pinx.
Imprimerie de Remond
Victor sculp

85

Rosa centifolia var. *parvifolia*

小葉百葉薔薇

「我愛玫瑰。」19世紀著名女作家喬治·桑在給她的朋友，法國評論家及小說家阿爾方斯·卡爾的信中寫道：「這些都是上帝和人類的女孩兒，擁有芬芳的田野之美，而我們懂得讓她們成為無與倫比的公主。」在所有玫瑰中，喬治·桑最愛的就是百葉薔薇。她曾說過，「對我而言，就像對所有人而言一樣，它是最理想的薔薇」。

小葉百葉薔薇是所有百葉薔薇中格外受人們青睞的一種。它始現於1664年前，因葉片小巧、花瓣眾多、芳香濃郁而備受園丁喜愛。著名薔薇屬分類專家、哈佛大學阿諾德植物園教授芮德，將其命名為*Rosa centifolia* var. *parvifolia*，意即百葉薔薇的小葉變種，其中parvifolia 為小花瓣的意思，因為整朵花的直徑僅有2.5公分。

18世紀，「鮑戈因絨球」和莫薔薇成為小葉百葉薔薇中最受歡迎的兩個品種，它們預示著歐洲微型月季群的誕生，並逐漸成為切花的重要來源之一。直到今天，歐洲的許多花園裡，仍舊可以見到它們那精巧的小葉、迷人的花朵和那美麗的鈕扣眼。

時至今日，西方的許多古老薔薇栽培種幾乎都已消失殆盡，唯百葉薔薇類品種留存尚多，或許就是因其擁有不凡之容顏吧。當然，其自身的適應性，是它留存久遠的第一要素。一個品種，先不論其好壞，首先得生命力旺盛，能很容易地生存下來，且能靠自身的生命力存活數十年、上百年。如果必須靠農藥、靠庇蔭、靠特別養護才能生存，那就稱不上是一個理想的品種，至少不適合居家庭院閒適之樂用。

Rosa Pomponia Burgundiaca *Le Pompon de Bourgogne*

P.J. Redouté pinx. *Imprimerie de Remond* *Langlois sculp*

在這方面，特別是在免農藥月季品種的篩選方面，前佩吉·洛克菲勒月季園園長彼得·庫基爾斯基和他的團隊，在紐約植物園做了大量的栽培科學實驗，最終選出150種可以近自然生長的古老月季和現代月季品種。我曾數次前往實地查看其實驗基地，這個實驗結果，對至今仍在糾結於如何養好月季的愛好者而言，的確是一份遲到的福利。

雷杜德所繪《玫瑰聖經》扉頁上的花冠，由書中的多種玫瑰組成，纖巧而縝密。

國家圖書館出版品預行編目（CIP）資料

玫瑰聖經圖譜解讀 = The bible of roses interpretation/ 王國良著；皮埃爾約瑟夫．雷杜德 (Pierre-Joseph Redouté) 繪 . -- 初版 . -- 臺北市：墨刻出版股份有限公司出版：英屬蓋曼群島商家庭傳媒股份有限公司城邦分公司發行 , 2022.11

面； 公分

ISBN 978-986-289-810-9(精裝)

1.CST: 玫瑰花 2.CST: 植物圖鑑

435.415 111018139

墨刻出版

玫瑰聖經圖譜解讀

作　　者　王國良
插 畫 家　皮埃爾 - 約瑟夫・雷杜德（Pierre-Joseph Redouté）
編輯總監　饒素芬
圖書設計　熊瓊　雲中 DESIGN WORKSHOP
繁體版完稿　袁宜如

發 行 人　何飛鵬
事業群總經理　李淑霞
社　　長　饒素芬
出版公司　墨刻出版股份有限公司
地　　址　台北市民生東路 2 段 141 號 9 樓
電　　話　886-2-25007008
傳　　真　886-2-25007796
EMAIL　service@sportsplanetmag.com
網　　址　www.sportsplanetmag.com

發　　行　英屬蓋曼群島商家庭傳媒股份有限公司城邦分公司
地　　址　104 台北市民生東路 2 段 141 號 2 樓
讀者服務電話　0800-020-299
讀者服務傳真　02-2517-0999
讀者服務信箱　csc@cite.com.tw
劃撥帳號　19833516
戶　　名　英屬蓋曼群島商家庭傳媒股份有限公司城邦分公司

香港發行　城邦（香港）出版集團有限公司
地　　址　香港灣仔駱克道 193 號東超商業中心 1 樓
電　　話　852-2508-6231
傳　　真　852-2578-9337

馬新發行　城邦（馬新）出版集團有限公司
地　　址　41，Jalan Radin Anum，Bandar Baru Sri Petaling，57000 Kuala Lumpur，Malaysia
電　　話　603-90578822
傳　　真　603-90576622

經 銷 商　聯合發行股份有限公司（電話：886-2-29178022）、金世盟實業股份有限公司
製　　版　漾格科技股份有限公司
印　　刷　漾格科技股份有限公司
城邦書號　LSK003

ISBN 9789862898109 （精裝）
EISBN 9789862898116（PDF）
定價 NT 880 元
2022 年 12 月初版

王國良

中國迄今唯一「世界玫瑰大師獎」(Great Rosarians of the World Award)獲得者，中國花卉協會月季分會副會長，南京農業大學兼任教授，中國林草局全國花卉評審專家。他長期從事月季、玫瑰和薔薇的起源與演化、收集與保存、甄別與鑑定、育種與創新、景觀設計與營造等研究，在國際上享有盛譽。其著作《中國古老月季》被國際學術界譽為「史詩式的當代月季巨著」。

皮埃爾-約瑟夫·雷杜德
(Pierre-Joseph Redouté)

知名植物畫家，以各種精美細膩的花卉畫聞名於世，尤其擅長畫玫瑰和百合，被譽為「花之拉斐爾」。他一生為近 50 部植物學著作繪製了插圖，繪有《玫瑰聖經》《百合圖譜》等。